U0727445

机械电子工程设计研究

陈　参　孙绍华　郑晓彦　著

哈尔滨出版社
HARBIN PUBLISHING HOUSE

图书在版编目（CIP）数据

机械电子工程设计研究／陈参，孙绍华，郑晓彦著.
哈尔滨：哈尔滨出版社，2025.1. -- ISBN 978-7-5484-
8092-1
　Ⅰ. TH-39
中国国家版本馆 CIP 数据核字第 2024W5W518 号

书　　名：**机械电子工程设计研究**
JIXIE DIANZI GONGCHENG SHEJI YANJIU

作　　者：陈　参　孙绍华　郑晓彦　著
责任编辑：王嘉欣
封面设计：赵庆旸

出版发行：哈尔滨出版社（Harbin Publishing House）
社　　址：哈尔滨市香坊区泰山路82-9号　　邮编：150090
经　　销：全国新华书店
印　　刷：北京虎彩文化传播有限公司
网　　址：www.hrbcbs.com
E - mail：hrbcbs@yeah.net
编辑版权热线：（0451）87900271　87900272
销售热线：（0451）87900202　87900203

开　　本：787mm×1092mm　1/16　印张：9.5　字数：224千字
版　　次：2025年1月第1版
印　　次：2025年1月第1次印刷
书　　号：ISBN 978-7-5484-8092-1
定　　价：58.00元

凡购本社图书发现印装错误，请与本社印制部联系调换。
服务热线：（0451）87900279

前　言

随着国民经济的快速发展，机械电子工程的发展对国家来讲至关重要，需要政府、企业和研究机构的共同努力来解决其存在的问题，并不断完善这一领域。这将有助于提高国内相关产业的竞争力，并为国家的可持续发展做出贡献。

机械电子工程的设计需要基于科学研究和技术分析，注重关键技术要点，采用科学的实施策略，以确保项目的质量且使其符合市场经济的需求。这将有助于促进产业的发展，可增强国家的竞争力，并推动社会经济的持续进步。

机械电子工程的发展需要技术人员和科研人员的不断努力，以确保技术的持续改进和应用。这将有助于促进创新、提高效率，并使该领域在不断变化的市场中保持竞争力。

本书对于从事机械电子工程设计研究的人员来说具有一定的价值。它涵盖了广泛的内容，从机电一体化概述到系统总体方案设计等，为读者提供了全面的指导。本书为该领域的工作者提供了宝贵的参考和指导，帮助其更高效地开展工作，并提高工作质量和效率。

目　录

第一章 机电一体化概述

第一节 机电一体化的基础内容

一、机电一体化的基本概念

现代科学技术的发展，极大地推动了不同学科的相互交叉和渗透，导致了工程领域的技术革命与改造。机电一体化代表了机械工程领域的一次重大革命，它将机械技术与微电子技术和计算机技术有机结合，推动了工业生产的智能化、高效化和可持续化发展。这一趋势在许多领域都有着广泛的应用，包括制造业、交通运输、医疗保健、农业等，为社会带来了巨大的益处。

（一）机电一体化的定义

机电一体化是一种工程和制造方法。它将机械工程、电子工程和计算机科学相互融合，以创建集成的系统，具有机械、电子和计算机控制的功能。简而言之，机电一体化是将机械、电子和计算机技术相互整合，以实现更高级的功能和性能。

在机电一体化系统中，机械部分通常包括物理结构、传动系统和机械运动部件，电子部分包括传感器、电路、电机和控制器，而计算机部分则包括嵌入式系统、软件和算法。这些组件协同工作，使系统能够执行复杂的任务，如自动控制、监测、数据处理和决策制定。

机电一体化的应用非常广泛，包括自动化制造系统、机器人技术、自动驾驶汽车、智能家居、医疗设备、航空航天系统等。这种综合性的方法使系统能够更灵活、更智能、更高效地应对不同的需求和环境，为现代工程和制造领域带来了革命性的改变。

（二）机电一体化的产生

机电一体化的产生源于现代科学技术的快速发展和不断进步。以下是机电一体化产生的主要原因和背景：

①微电子技术的进步：随着微电子技术的飞速发展，微型芯片和集成电路的性能不断提高，变得更加强大和紧凑。这使在机械系统中集成复杂的电子控制成为可能。

②计算机技术的发展：计算机技术的不断进步和普及，使机械系统能够借助高性能计算和实时控制来执行复杂的任务。计算机为机电一体化提供了核心支持。

③传感器技术的成熟：传感器技术的改进和成熟能够更精确地监测和测量物理现

象，例如温度、压力、速度等。这些传感器为机电一体化提供了实时数据，用于系统的反馈和控制。

④自动化和智能化需求：现代社会对自动化和智能化系统的需求不断增加，这包括自动化制造、智能交通、自动驾驶汽车、智能家居等领域。这些需求促使了机电一体化技术的发展。

⑤跨学科合作：机械工程、电子工程和计算机科学等不同领域的专家开始积极合作，以共同解决复杂的工程问题。这种跨学科的合作促进了机电一体化的发展。

机电一体化的产生是多个领域技术的相互融合和创新的结果，它使机械系统能够更智能、更灵活、更高效地执行任务，已经广泛应用于各种领域，推动了现代工程和制造的进步。

（三）机电一体化的内容

机电一体化涵盖了广泛的内容，涉及机械工程、电子工程和计算机科学等多个领域。以下是机电一体化的主要内容：

①机械设计：机电一体化的项目通常需要设计机械结构、传动系统和运动部件，包括选择材料、制定机械构造和进行工程计算。

②电子设计：电子部分涵盖了传感器的选择和安装、电路设计、电机和执行器的控制电路、嵌入式系统的设计等。电子设计使系统能够感知环境和实现控制功能。

③控制系统：控制系统是机电一体化的核心。它包括控制算法的开发、实时控制、反馈系统和逻辑控制。这些系统确保机械部分和电子部分协同工作以完成任务。

④传感技术：传感技术包括各种传感器的使用，例如温度传感器、压力传感器、加速度传感器等，用于监测物理参数并将其转化为电信号。

⑤数据处理和算法：机电一体化系统通常需要对大量数据进行处理和分析。这包括数据采集、信号处理、模式识别和决策算法的开发。

⑥嵌入式系统：嵌入式系统是嵌入在机电一体化系统中的计算机系统，用于控制和协调各个组件的操作。这些系统通常需要实时性能和稳定性。

⑦通信技术：机电一体化系统中的各个部分需要相互通信，以共享信息和协同工作。通信技术包括有线和无线通信协议。

⑧可靠性和安全性：机电一体化系统必须考虑可靠性和安全性问题，以确保系统在各种环境和条件下能够正常运行，并避免潜在的危险。

⑨集成与测试：机电一体化系统的各个组件必须集成在一起，并进行系统级测试，以验证系统的性能和功能。

⑩应用领域：机电一体化可以应用于各种领域，包括自动化制造、机器人技术、自动驾驶汽车、智能家居、医疗设备、航空航天等。

（四）机电一体化的特点

机电一体化具有许多特点，这些特点使其在现代工程和制造领域中具有重要价值。以下是机电一体化的主要特点：

①综合性：机电一体化将机械、电子和计算机技术相互整合，形成一个综合性的

系统。这使系统能够同时考虑物理结构、电子控制和计算能力。

②智能化：机电一体化系统通常具备智能化功能，能够根据环境条件和任务要求做出自动决策和调整。这使系统能够更加灵活和自适应。

③自动化：机电一体化系统通常用于自动化应用，能够执行复杂的任务而无须人工干预。这提高了生产效率和精度。

④数据驱动：机电一体化系统依赖于传感器技术来采集大量数据，这些数据用于控制和决策制定。数据分析和处理是系统的关键组成部分。

⑤高效性：机电一体化系统通常能够实现高效的能源利用和资源管理。它们能够根据需要调整操作，以节省能源和成本。

⑥灵活性：由于机电一体化系统的模块化设计，它们通常能够灵活适应不同的任务和工作环境。这加强了系统的多功能性。

⑦实时性：机电一体化系统通常需要实时响应和控制，因此需要具备快速的数据处理和通信能力。

⑧跨学科：机电一体化涵盖了多个学科领域，包括机械工程、电子工程、计算机科学、控制工程等。这需要跨学科合作。

⑨应用广泛：机电一体化技术可以应用于各种领域，包括制造业、医疗保健、交通运输、农业、航空航天、家庭生活等。

⑩可持续性：通过提高资源利用效率和减少浪费，机电一体化有助于可持续发展目标的实现。

二、机电一体化系统的基本组成

（一）机电一体化系统的功能组成

机电一体化系统通常由多个功能组成，这些功能相互协作以实现系统的目标。以下是典型的机电一体化系统的功能组成。

①机械结构和传动系统：机电一体化系统的机械结构和传动系统用于执行机械运动和任务，包括机械臂、传送带、驱动装置、执行器等。

②传感与数据采集：传感器用于监测系统内外的物理参数，如温度、压力、位置、速度等。传感器将这些数据转化为电信号，供电子控制系统使用。

③电子控制系统：电子控制系统包括各种电路和控制器，用于分析传感器数据、做出决策，并控制机械部分的运动，还包括嵌入式系统、微控制器、PLC（可编程逻辑控制器）等。

④数据处理和算法：机电一体化系统通常需要在实时性能要求下处理大量数据。其涉及数据采集、信号处理、模式识别和决策算法的开发。

⑤通信技术：不同部分之间需要进行数据交流和通信，以协调操作。其包括有线和无线通信技术，如以太网、无线局域网、蓝牙等。

⑥软件控制：机电一体化系统通常需要特定的控制软件，用于编程控制逻辑、用户界面、数据存储和分析等。这些软件可在嵌入式系统或计算机上运行。

⑦实时控制：机电一体化系统通常需要实时性能，以确保及时响应和控制。实时

操作系统和控制策略是实现这一目标的关键。

⑧安全性和故障检测：系统必须具备安全功能，以防止事故发生，包括安全传感器、故障检测和应急停止系统。

⑨用户界面：为用户提供操作和监控界面，以便与系统交互和监控运行状态，包括触摸屏、图形用户界面或命令行界面。

⑩能源管理：机电一体化系统需要能源供应和管理，以确保系统的稳定运行。其包括电源分配和能源效率优化。

这些功能组成部分相互协作，使机电一体化系统能够执行复杂的任务和操作。它们通常在各个领域中广泛应用，包括自动化制造、智能交通、医疗设备、机器人技术等。机电一体化系统的设计和集成需要多学科的专业知识和技能，以确保系统的高性能和可靠性。

（二）机电一体化系统的构成要素

机电一体化系统的构成要素如下。

①机械部分：机械部分包括了物理结构、传动系统和机械运动部件。这些组件用于执行机械运动和任务，例如机械臂、传送带、机床等。

②电子部分：电子部分涵盖了传感器、电路、控制器和执行器等电子元件。传感器用于监测物理参数，电路和控制器用于分析和处理传感器数据，执行器用于控制机械部分的运动。

③嵌入式系统：嵌入式系统是一种专用计算机系统，通常用于控制和协调机电一体化系统的操作。它们可以实时响应和控制各个组件，并执行特定的控制算法。

④通信技术：不同组件之间需要进行数据交流和通信，以协调操作。通信技术包括有线和无线通信协议，用于传输数据和指令。

⑤控制算法：控制算法用于分析传感器数据、做出决策和生成控制指令。这些算法可以是基于规则的、模型驱动的或者机器学习的，根据具体应用而定。

⑥数据处理和存储：机电一体化系统通常需要处理大量数据，包括数据采集、信号处理、模式识别等。数据还需要存储和管理，以供后续分析和记录。

⑦用户界面：为操作人员提供用户界面，用于与系统交互、监控运行状态和提供输入。用户界面可以是触摸屏、图形用户界面或者命令行界面。

⑧电源管理：机电一体化系统需要电源供应和管理，以确保系统的稳定运行。其包括电源分配、电池管理和能源效率优化。

⑨安全和故障检测：系统必须具备安全功能，以防止事故发生。其包括安全传感器、故障检测和应急停止系统。

⑩实时控制：机电一体化系统通常需要实时性能，以确保及时响应和控制。实时操作系统和控制策略是实现这一目标的关键。

这些构成要素相互协作，使机电一体化系统能够执行复杂的任务和操作。它们的集成和优化需要多学科的专业知识和技能，以确保系统的高性能、可靠性和安全性。机电一体化系统的设计和实施通常取决于具体的应用领域和任务要求。

（三）机电一体化系统接口概述

机电一体化系统中的接口是不同组件之间相互连接和交互的关键部分。它们确保了整个系统的协调运行和数据传递。以下是机电一体化系统接口概述：

①电气接口：电气接口涉及电子部分与机械部分之间的电气连接，包括电缆、电线、连接器和插座等，用于传输电力和信号。电气接口还包括电源供应和电源管理，以确保系统的电能需求得到满足。

②通信接口：通信接口用于不同组件之间的数据传输和通信，包括有线通信，如以太网、CAN 总线、Modbus 等，以及无线通信，如 Wi-Fi、蓝牙、ZigBee 等。通信接口允许组件之间传递控制指令、传感器数据和状态信息。

③机械接口：机械接口包括机械部分之间的物理连接和传动系统。其可能涉及轴、齿轮、传动带、联轴器等机械元件，以确保机械部分能够协同工作并传递力和运动。

④数据接口：数据接口用于传输数字和模拟数据，包括传感器数据、控制信号和反馈数据，可以是数字接口，如以太网或 USB，也可以是模拟接口，如模拟输入／输出。

⑤用户界面接口：用户界面接口是用户和系统之间的交互点。它包括触摸屏、键盘、鼠标、语音识别等，用于操作和监控系统的状态。

⑥控制接口：控制接口涉及控制器和执行器之间的连接，以传递控制指令和反馈信息，包括电子控制器与电动机、伺服系统、阀门等的连接。

⑦传感器接口：传感器接口用于连接传感器和控制器，以便监测和采集物理参数，包括传感器的电气连接和信号处理。

⑧软件接口：软件接口允许不同的软件模块之间进行数据共享和通信。这通常是通过应用程序编程接口（API）或网络服务来实现的。

⑨安全接口：安全接口用于实现系统的安全功能，包括紧急停止系统、防护装置和故障检测。这些接口可确保系统在发生故障或危险情况下采取适当的措施。

这些接口在机电一体化系统中扮演着关键的角色，它们需要设计、配置和维护以确保系统的协同工作和高效运行。通常由系统集成工程师负责管理这些接口，并确保各个组件之间的有效通信和协调。

三、机电一体化技术的理论基础与关键技术

系统论、信息论、控制论以及微电子技术和计算机技术的发展共同推动了机电一体化技术的兴起。它们为设计、实施和管理复杂的机电一体化系统提供了理论支持和技术基础，使这一领域能够不断创新和发展，应用于各种领域，提高了工程和制造的效率和智能化水平。

（一）理论基础

机电一体化技术的理论基础涵盖了多个学科领域，以下是一些主要的理论基础。

①系统理论：系统理论强调整个系统的整体性和相互关联性。它提供了理解和描述复杂系统的工具和方法。系统理论帮助工程师理解机电一体化系统的结构和相互作

用，以优化系统的设计和性能。

②控制理论：控制理论研究如何通过控制信号来管理系统的行为。它包括经典控制理论（如 PID 控制）、现代控制理论（如状态空间控制）、自适应控制和模糊控制等。控制理论在机电一体化系统中用于设计和实现自动化控制策略。

③信息理论：信息理论研究信息的传输、存储和处理。在机电一体化中，信息理论有助于优化数据传输和处理，确保数据的高效利用，同时也有助于数据的安全传输。

④电子工程和微电子技术：电子工程和微电子技术提供了电子硬件和电路设计的理论基础。其包括电子元件、集成电路设计、信号处理、模拟电路和数字电路等方面的知识，用于构建机电一体化系统的电子部分。

⑤机械工程：机械工程提供了机械结构和运动学的理论基础，包括机械设计、传动系统、运动规划和材料力学等领域，用于设计和制造机械部分。

⑥计算机科学：计算机科学提供了计算机编程、嵌入式系统设计、软件开发和算法设计的理论支持。计算机科学的知识用于构建控制和数据处理的软件部分。

⑦传感技术：传感技术研究如何通过传感器来监测和测量物理参数。传感技术的理论基础涵盖了物理传感原理、传感器设计和信号处理。

⑧通信理论：通信理论研究数据传输和通信协议。在机电一体化系统中，通信理论用于不同组件之间的数据传输和通信，确保信息的可靠性和安全性。

这些理论基础相互交叉和融合，为机电一体化技术的研究、设计和实施提供了坚实的基础。研究人员可以借助这些理论来解决复杂的机电一体化问题，优化系统性能，并推动该领域不断发展和创新。

（二）关键技术

机电一体化技术涵盖了多个关键技术领域。这些关键技术使机电一体化系统能够实现自动化、智能化和高效化。以下是一些关键技术。

①传感技术：传感技术用于监测物理参数，如温度、压力、速度、位置等。各种传感器的发展和应用是机电一体化系统的关键，它们用于获取系统的输入信息。

②控制算法：控制算法用于分析传感器数据，并制定决策和控制策略。这些算法可以是经典控制、现代控制或者机器学习算法，用于实现系统的自动化和智能控制。

③嵌入式系统：嵌入式系统是专用计算机系统，通常用于控制和协调机电一体化系统的操作。其需要具备实时性能和稳定性，以确保系统的高效运行。

④数据处理和分析：机电一体化系统通常需要处理大量数据，包括数据采集、信号处理、模式识别和决策分析。数据处理和分析技术用于优化系统性能和提供智能决策支持。

⑤通信技术：不同组件之间需要进行数据传输和通信以协调操作。通信技术包括有线和无线通信协议，用于连接各个部分。

⑥增强现实（AR）和虚拟现实（VR）：AR 和 VR 技术可以为操作人员提供沉浸式的用户界面和监控工具，以改善操作和维护效率。

⑦机器学习和人工智能：机器学习和人工智能技术可以用于数据分析、模式识别、自适应控制和预测维护，以提高系统的智能化和自适应性。

⑧电动机和执行器技术：电动机和执行器用于控制机械部分的运动。高效能、精确控制和可靠性是这些技术的关键特点。

⑨安全技术：安全技术包括紧急停止系统、安全传感器、防护装置和故障检测，能够确保系统的安全性和人员的安全。

⑩高精度机械制造：精密机械技术用于设计和制造高精度的机械部件，以确保机械部分的可靠性和精度。

⑪能源管理和节能技术：能源管理技术用于优化系统的能源利用，减少能源浪费，提高系统的可持续性。

这些关键技术共同推动了机电一体化技术的发展，使机电一体化系统能够应用于各种领域，包括制造业、医疗保健、交通运输、农业、航空航天等。在不断的研究和创新中，这些技术将继续演进，带来更多的机遇和挑战。

四、机电一体化产品

机电一体化技术和产品（系统）的应用范围非常广泛，几乎涉及人们生产生活的所有领域。机电一体化产品种类繁多，且仍在不断发展，分类标准也就各异。目前大致有以下几种分类方法：

（一）按产品功能分类

根据产品功能，机电一体化系统可以分为多个不同的类别。以下是按机电一体化系统的功能分类。

①自动化生产系统
- 制造自动化系统：用于自动化制造流程，包括自动装配线、机器人生产线等。
- 运输和物流自动化系统：用于自动化货物运输、仓储和物流管理。
- 加工自动化系统：用于自动化工件加工和加工设备的控制。

②机器人技术
- 工业机器人：用于执行各种工业任务，如焊接、装配、喷涂等。
- 服务机器人：用于提供服务，如医疗机器人、清洁机器人、仓库机器人等。

③智能交通系统
- 智能交通控制系统：用于管理城市交通流量，包括交通信号控制和交通管理。
- 自动驾驶系统：用于自动驾驶汽车、卡车等交通工具。

④医疗保健系统
- 医疗诊断和治疗设备：用于医疗诊断、手术和治疗，如医疗成像设备和手术机器人。
- 医疗保健辅助设备：用于康复、护理和远程医疗服务。

⑤农业自动化系统
- 农业机器人：用于自动化农田作业，如植树、收割和除草。
- 智能农业管理系统：用于监测和管理农作物生长、灌溉和施肥等。

⑥航空航天系统
- 无人飞行器（无人机）：用于航拍、勘测、监测和军事。

- 航空航天控制系统：用于飞行器导航、通信和控制。
⑦智能家居系统
- 智能家居控制系统：用于控制家庭设备和安全系统，如智能灯光、智能家电和安全摄像头。
- 智能家居娱乐系统：用于提供音频、视频和娱乐体验，如智能音响和电视。
⑧环境监测和控制系统
- 空气质量监测系统：用于监测空气污染和质量。
- 智能建筑管理系统：用于能源管理、照明控制和安全监测。

（二）按机电结合程度和形式分类

根据机电结合程度和形式的不同，机电一体化系统可以分为不同类别。以下是按照机电结合程度和形式的分类。
①机电一体化系统
- 机械和电子部件紧密结合、相互依赖，以实现共同的任务。这种一体化可以在制造自动化、机器人和工业自动化中找到。
- 例子：自动化生产线上的机械臂，需要机械结构和电子控制部分协同工作。
②机电协同系统
- 机械和电子部件分别存在，但彼此协同工作，以实现共同的任务。它们可以通过标准化接口或协议进行通信。
- 例子：工业机器人与其控制系统之间的协同，机械部分和电子部分通过通信协议实现协作。
③机械系统与电子控制系统
- 机械系统和电子控制系统独立存在，但它们通过接口进行连接和控制，以实现协同工作。
- 例于：数控机床，其中机械部分和数控控制器通过接口协同工作，控制机床的运动。
④机电分离系统
- 机械系统和电子系统完全分离，它们之间没有直接的互动。它们可能通过人工干预或外部控制实现协作。
- 例子：传统机械设备，如车辆的发动机和机械传动系统，通常不与电子控制系统紧密集成。
⑤混合动力系统
- 混合动力系统将机械和电子系统结合，但它们仍然具有不同的能源来源。这种系统通常用于交通运输和能源管理领域。
- 例子：混合动力汽车，同时使用内燃机和电动机，以提高燃油效率。

这些分类示例说明了机电一体化系统的不同形式和程度。在实际应用中，选择适当的结合方式和形式取决于系统的需求、成本、性能和复杂性等因素。随着技术的不断进步，机电一体化系统的结合方式和形式也可能发生变化和创新。

（三）按产品用途分类

根据机电一体化系统的不同产品用途，可以将其分为多个不同类别。以下是按照产品用途的分类。

①制造和工业自动化

- 自动化生产线：用于制造和装配产品的自动化生产线，包括汽车制造、电子产品制造等。

- 机器人应用：用于自动化加工、装配、焊接、喷涂和搬运等任务的工业机器人。

- 数控机床：用于高精度和复杂零件加工的数控机床，如铣床、车床和激光切割机。

②交通和运输

- 自动驾驶汽车：用于实现自动驾驶功能的智能汽车系统，包括高级驾驶辅助系统（ADAS）和自动驾驶车辆。

- 空中和地面无人机：用于航拍、物流、勘测、监测和军事的无人机系统。

- 火车和轨道交通控制：用于火车和轨道交通系统的自动控制和监测。

③医疗保健

- 医疗成像设备：包括 X 射线、CT 扫描、MRI 和超声等医疗成像设备。

- 手术机器人：用于进行精确和微创手术的机器人辅助手术系统。

- 医疗辅助设备：包括康复设备、助听器、假肢和电子健康档案（EHR）系统等。

④农业和农村发展

- 农业机器人：用于农田作业、种植、收割和除草等农业任务的自动化机器人。

- 智能农业管理系统：用于监测农作物生长、灌溉、施肥和粮仓管理等农业应用。

⑤航空航天

- 无人飞行器（无人机）：用于航空、勘测、监测、军事和娱乐的无人机系统。

- 航空航天控制系统：用于飞行器导航、通信和控制的机电一体化系统。

⑥环境监测和控制

- 空气质量监测系统：用于监测大气污染和环境空气质量的系统。

- 智能建筑管理系统：用于能源管理、照明控制和安全监测的智能建筑系统。

⑦智能家居

- 智能家居控制系统：用于控制家庭设备和安全系统的系统，包括智能灯光、智能家电和安全监控。

- 智能家居娱乐系统：用于提供音频、视频和娱乐体验的系统。

这些是按照产品用途分类的一些示例。机电一体化技术在不同领域中的应用广泛，能够满足不同用途的需求，提高效率、安全性和生活质量。

第二节　机电一体化系统设计概述

一、机电一体化系统设计方法

现代机电一体化产品设计方法强调科学、技术和系统性，以满足不断提高的产品性能要求和市场需求。这些方法不仅提高了产品的质量和可靠性，还有助于减少成本、缩短开发周期，并推动科技创新和可持续发展。因此，采用现代设计方法对于成功设计和开发机电一体化产品至关重要。

（一）机电一体化传统设计方法

机电一体化传统设计方法通常是指在计算机辅助设计（CAD）和现代工程工具之前使用的设计方法。这些方法主要依赖于工程师的经验、手工计算和传统工程手段。以下是机电一体化传统设计方法的特点。

①经验和规则：传统设计方法通常基于工程师的经验和已知的设计规则。工程师使用手工计算和数学公式来估算设计参数，如尺寸、力学和电气参数。

②图纸和手绘：在计算机辅助设计之前，设计过程通常涉及手绘图纸和技术绘图。这些图纸用于记录设计的机械和电子部件，并作为制造的依据。

③实验和原型：传统设计方法可能涉及制作物理原型或进行实验来验证设计的可行性和性能。

④分立设计过程：在传统设计方法中，机械和电子部分的设计通常是分开进行的，工程师在不同领域进行分立设计，然后将各部分集成在一起。

⑤较少的分析工具：传统设计方法通常依赖于有限的分析工具，如手动计算和模型制作。这可能限制了对复杂问题的深入分析和优化。

⑥基于试错：在传统方法中，通过多次尝试和调整来改进设计是常见的。这可能会导致较长的设计周期和成本增加。

尽管传统设计方法在过去发挥了重要作用，但随着科技的进步、现代设计方法和工具的出现，已经形成更高效、精确和可靠的替代方案。计算机辅助设计（CAD），仿真、模拟工具，数据分析和协同工程等现代工程方法和工具使机电一体化的设计更加高效和灵活，有助于降低成本、提高质量，并缩短产品开发周期。因此，现代设计方法逐渐取代了机电一体化传统设计方法。

（二）机电一体化系统现代设计方法

机电一体化系统的现代设计方法依赖科学、技术和现代工程工具，以提高效率、精度和可靠性。以下是机电一体化系统现代设计方法的关键方面。

①计算机辅助设计（CAD）：CAD软件允许工程师创建、分析和优化机电一体化系统的模型。这些工具提供了可视化的设计环境，有助于准确建模和分析各个组件之间的相互作用。

②仿真和模拟：通过使用仿真和模拟工具，工程师可以在实际制造之前对机电一体化系统的性能进行虚拟测试。这有助于提前发现潜在问题，减少开发成本和时间。

③系统工程方法：系统工程方法强调在整个产品开发周期中对机电一体化系统进行系统性的集成和协同工作，包括需求分析、系统建模、验证等活动。

④多学科优化：机电一体化系统通常涉及多个学科领域，包括机械工程、电子工程、控制工程等。多学科优化方法允许工程师在这些领域之间进行综合优化，以实现整体性能的最优化。

⑤数据分析和人工智能：数据分析技术和人工智能（AI）可以用于处理大量数据、识别模式、优化控制策略，并提供预测性维护。这有助于提高系统的智能化和自适应性。

⑥快速原型和3D打印：现代技术使快速原型和3D打印成为可能，这有助于迅速制作物理原型，并进行实际测试和验证。

⑦物联网（IoT）和云计算：物联网技术可以将机电一体化系统连接到云端，实现远程监控、诊断和维护。这提高了系统的可追踪性和可管理性。

⑧可持续设计：现代设计方法强调可持续性，包括能源效率、环境友好和可回收性等方面。设计人员需要考虑整个产品生命周期的影响。

⑨团队协作和通信：现代设计方法强调跨学科团队协作和有效的沟通，以确保不同领域的工程师能够有效合作。

这些现代设计方法和工具使机电一体化系统的设计更加高效、精确和可靠。它们有助于降低成本、提高质量，并缩短产品开发周期，同时也推动了科技创新和可持续发展。因此，采用这些现代设计方法对于成功设计和开发机电一体化系统至关重要。

二、机电一体化系统的建模与仿真

模型在机电一体化系统的设计、分析和控制中应用广泛。它们帮助工程师理解系统的行为、优化性能、降低风险，提高系统的可靠性和效率。在现代机电一体化系统设计中，建立准确的模型是取得成功的关键之一。

（一）机电一体化系统的建模

建立机电一体化系统的模型是设计、分析和控制该系统的关键步骤之一。机电一体化系统通常包括机械、电子和控制部分，因此模型可能涉及多个学科领域。以下是建立机电一体化系统模型的一般步骤：

①确定系统的目标：首先，明确机电一体化系统的设计或分析目标，包括性能指标、稳定性要求、能源效率等。

②定义系统边界：确定模型的边界，即哪些部分包括在模型中，哪些部分被视为外部环境。边界的选择取决于系统的具体应用和分析要求。

③建立数学模型：基于系统的物理特性和原理，建立数学模型。数学模型可以是微分方程、差分方程、状态空间方程等形式。对于机械部分，可以使用牛顿运动定律建立模型。对于电子部分，可以使用电路分析方法建立模型。

④考虑耦合效应：机电一体化系统通常涉及机械和电子部分之间的耦合效应。确保模型充分考虑该效应，以便准确地描述系统的行为。

⑤参数估计：确定模型中的参数值。参数描述了系统的特性和性能。参数值可以从实验数据、文献资料或仿真中获得。

⑥数值求解：使用数值方法或仿真工具对模型求解。数值方法可以使用计算机程序来模拟系统的动态行为。

⑦验证：将模型的预测与实际系统的观测结果进行比较，以验证模型的准确性。验证确保模型能够准确地描述实际系统的行为。

⑧模型分析和优化：利用模型进行性能分析和优化。这可能涉及控制系统的设计、性能评估、参数优化等。

⑨实验验证：在实际系统上进行实验验证，以验证模型的预测和控制策略的有效性。

⑩模型的应用：一旦模型经过验证并被证明是准确的，可以将其应用于系统设计、控制和优化，以满足特定的工程需求。

建立机电一体化系统的模型需要跨学科的知识和工程工具。通常，工程师会使用计算机辅助设计工具和仿真软件来建立和分析模型。这些模型在机电一体化系统的设计、分析和控制中起着关键作用，有助于改进系统的性能、稳定性和可靠性。

（二）机电一体化系统的仿真

机电一体化系统的仿真是一种重要的工程工具，用于模拟系统的行为、性能和响应。通过仿真，工程师可以在实际制造之前对系统进行虚拟测试和评估，以便优化设计、验证控制策略和分析性能。以下是机电一体化系统仿真的一些关键方面。

①建立仿真模型：首先，工程师需要建立机电一体化系统的仿真模型。这个模型可以基于数学方程、物理原理、电路分析等，取决于系统的性质和复杂性。

②数值求解和仿真工具：仿真通常涉及数值求解，工程师使用计算机程序或仿真工具来模拟系统的动态行为。常见的仿真工具包括 Matlab/Simulink、LabVIEW、ANSYS 等。

③动态仿真：机电一体化系统的仿真通常是动态的，模拟系统在时间内的行为，包括机械部分的运动、电子部分的电路响应以及控制系统的反馈。

④参数估计和校准：在进行仿真之前，工程师需要确定系统模型的参数值，可以通过实验测试、文献资料或模型来确定。

⑤系统性能评估：通过仿真，工程师可以评估机电一体化系统的性能，包括稳定性、响应时间、精度、能源效率等。

⑥控制策略验证：仿真还可以用于验证系统的控制策略。工程师可以模拟不同的控制算法和参数，以确定最佳的控制策略。

⑦故障诊断和容错：仿真可以用于模拟系统故障的发生，并评估故障诊断和容错策略的效果。

⑧实验验证：一旦通过仿真获得了满意的结果，工程师可以在实际系统上进行验证实验，以验证仿真的准确性和可靠性。

⑨优化设计：仿真还可以用于系统设计的优化。工程师可以模拟不同设计选择的性能，以确定最佳的设计方案。

⑩教育和培训：仿真工具也可用于教育和培训，帮助工程师和学生理解机电一体化系统的原理和行为。

机电一体化系统的仿真是一种强大的工程工具，可以帮助工程师更好地理解和优化系统的性能。它减少了实验成本、降低了风险，提高了设计和控制的效率，有助于创新和改进机电一体化系统。

三、机电一体化系统抗干扰技术

电磁干扰可能来自外部环境，如电网波动、强电设备的启停和高压设备的电磁辐射，也可能来自系统内部的电气和电子部件之间的相互干扰。为了确保机电一体化系统的稳定性和可靠性，需要采取一些措施来抵御电磁干扰。

（一）干扰的定义

干扰是指在一个系统、过程或环境中，外部或内部因素引起的不希望的影响、扰动或干预，导致正常操作、性能、信号或行为受到干扰或损害。干扰会出现在各种不同的领域，包括电子通信、电磁兼容性、电力系统、机械系统、生物学和环境等。它们分为随机的、周期性的或有目的的，通常需要采取措施来减少或消除它们对系统或过程的不良影响。干扰包括电磁干扰、信号干扰、环境干扰、机械振动、噪声干扰等。解决和管理干扰问题在许多工程和科学领域都具有重要性，以确保系统的稳定性、可靠性和性能。

（二）形成干扰的三个要素

形成干扰的三个要素通常是指电磁干扰（EMI）的要素，这包括：

①辐射源：辐射源是产生电磁辐射的物体、设备或系统，包括电子设备、电缆、天线、电源等，它们在工作时会产生电磁辐射。

②传播路径：传播路径是电磁辐射从辐射源传播到接收器或被干扰设备的路径，包括电磁波在空气、导体、电缆、介质等传播的过程。

③敏感设备：敏感设备是容易受到电磁辐射干扰的设备或系统，包括通信设备、电子设备、传感器、计算机等。这些设备对电磁辐射敏感，可能会导致它们的性能受到影响或出现故障。

电磁干扰通常发生在辐射源产生电磁辐射并通过传播路径传播到敏感设备时。为了减少或避免电磁干扰，可以采取各种措施，如屏蔽辐射源、使用电磁屏蔽材料、优化传播路径、设计抗干扰电路等。电磁兼容性（EMC）工程是专门处理电磁干扰问题的，旨在确保电子设备和系统在电磁环境中能够正常工作而不受到干扰。

（三）干扰源

干扰源是指产生干扰或干扰信号的源头，这些干扰信号会影响到电子设备、通信系统、电力系统、传感器和其他技术或工程系统的正常运行。以下是一些常见的干扰源。

①电磁干扰源

● 电子设备：计算机、移动电话、无线通信设备、电视、射频收发器等。它们在运行时会产生电磁辐射。

- 电源和开关电源：电源和开关电源的切换操作可能会引入电磁噪声。
- 电力线和电力分布系统：电力线上的电流变化和电磁辐射会影响附近的设备。
- 高压设备：高压输电线、变压器和电弧焊机等高压设备会产生强烈的电磁场。

②机械干扰源
- 机械振动：机械振动和冲击会干扰附近的传感器等仪器设备。
- 风、水流和机动交通：自然环境中的风、水流和机动交通等因素可能会引入机械振动和噪声。

③光学干扰源
- 光束干扰：光束会干扰光学设备、传感器和通信系统。
- 光反射和折射：光线的反射和折射可能会引起光学系统中的干扰。

④热干扰源
- 温度变化：温度的变化会影响电子元件和传感器的性能。
- 热辐射：热辐射会影响红外传感器和热成像设备。

⑤化学干扰源
- 化学反应：化学反应和气体释放会对传感器和检测系统产生干扰。

⑥人为干扰源
- 人为操作和干扰：人为操作和干扰可能会导致系统故障或误操作。

针对不同的干扰源，需要采取不同的措施来减少或避免干扰的影响。其包括使用屏蔽材料、电磁干扰滤波器、隔离设备、振动抑制措施、适当的电气和电子设计，以及对环境进行监测和管理等。电磁兼容性工程和振动控制工程等专业领域致力于解决各种干扰源引起的问题，以确保系统和设备正常运行。

（四）抗供电干扰的措施

抗供电干扰的措施旨在减少或消除电源中的干扰信号，以确保电子设备和系统能够正常工作。供电干扰通常是由电源中的噪声、谐波、尖峰电压、电磁辐射等因素引起的。以下是一些抗供电干扰的常见措施。

①电源滤波器：电源滤波器是用于去除电源中高频噪声和谐波的常见设备。它们可以采用电容器、电感器和阻抗匹配网络等元件，将高频噪声导通到地，以减少对设备的影响。

②稳压器：稳压器可以用来维持恒定的电源电压，减少电源中的电压波动。这有助于防止设备受到电压波动的影响。

③隔离变压器：隔离变压器可以提供电源隔离，将电源与外部干扰隔离开来，从而减少电源干扰对设备的影响。

④整流和滤波电路：这些电路可以用来将交流电源转换为直流电源，并进一步滤除噪声和谐波。

⑤地线和接地系统：正确的地线和接地系统可以将电磁干扰导入地，而不是进入设备。良好的接地是抗干扰的关键。

⑥屏蔽：屏蔽材料，如金属外壳、屏蔽套等，可以用于将电磁辐射隔离在设备之外，从而减少对设备的影响。

⑦电源线滤波器：滤波器可以直接安装在电源线上，过滤电源中的噪声和尖峰电压，以减少供电干扰。

⑧谐振回路：谐振回路可以用于抵消电源中的谐波，使其不会影响设备。

⑨使用合格的电源：选择质量好、符合标准的电源设备和供电系统，以减少供电干扰的可能性。

⑩环境监测：定期监测电源质量和环境中的电磁干扰，及时发现并解决问题。

这些措施可以根据具体的供电干扰情况和设备要求进行选择和组合。在设计和维护电子设备和系统时，抗供电干扰的措施是确保设备正常运行和提高系统可靠性的关键因素之一。

（五）软件抗干扰设计

软件抗干扰设计是为了确保计算机软件在受到各种干扰源的影响时，仍能够正常运行并保持其预期性能和可靠性。以下是一些软件抗干扰的常见措施。

①错误检测和纠正码：使用错误检测和纠正码来检测和修复在数据传输中发生的错误，以确保数据的完整性和准确性。

②异常处理：在软件中实现适当的异常处理机制，以处理可能的错误情况，如数据损坏、资源不足、超时等。其包括捕获异常、记录错误信息、进行错误恢复等。

③冗余设计：引入软件冗余来提高系统的容错性。例如，使用备用的计算模块或多个相同的模块来处理关键任务。

④数据备份和恢复：定期备份关键数据，并实施数据恢复策略，以便在数据丢失或损坏时能够快速恢复。

⑤安全性措施：加强安全性措施，包括身份验证、访问控制、加密等，以防止恶意攻击和未经授权的访问。

⑥资源管理：管理系统资源，确保资源的合理分配和使用，以防止资源枯竭和系统崩溃。

⑦软件更新和维护：定期更新和维护软件，包括修复已知漏洞和缺陷，以提高系统的稳定性和安全性。

⑧容错设计：采用容错设计原则，确保系统在出现错误或故障时能够继续正常运行，而不会导致系统崩溃。

⑨异步通信：在分布式系统中，使用异步通信来处理不同速度的模块之间的通信，以防止一个模块的故障影响其他模块。

⑩日志记录：记录系统的运行状态和事件，以便跟踪问题、调试和分析干扰事件。

⑪灾难恢复计划：制订灾难恢复计划，包括备份数据和系统镜像、紧急恢复过程等，以应对重大故障或灾难情况。

⑫性能监测和调优：监测系统性能，进行性能分析和调优，以确保系统在干扰情况下能够维持足够的性能水平。

软件抗干扰设计通常需要根据具体应用和环境的需求来制定，以确保系统能够在各种干扰情况下保持可靠性和稳定性。这是软件工程中的重要领域，特别是在需要高度可靠性和安全性的应用中，如航空航天、医疗设备和金融系统等。

第二章 机械与伺服系统

第一节 机械系统

一、概述

确保机电一体化系统的机械系统能够满足高定位精度和良好的动态响应特性通常需要考虑以下要求和措施。

①定位精度：机械系统需要具备高度的定位精度，以确保定位误差在可接受范围内。可以通过选择精密的线性传动部件、高精度的传感器和控制算法来实现。

②刚性和稳定性：机械系统需要具备足够的刚性和稳定性，以防止振动和变形对定位精度和性能产生不利影响。可以通过合适的结构设计和材料选择来实现。

③动态响应特性：机械系统需要具备良好的动态响应特性，即能够快速响应控制指令，并在变化的工作条件下保持稳定。通常需要采用高性能的驱动器、控制算法和反馈系统来实现。

④高速运动和加速度：某些应用可能需要机械系统能够实现高速运动和加速度，要求选择适合的传动系统和电机来实现所需的性能。

⑤零回差和重复性：对于一些需要精确定位和重复性的应用，机械系统需要具备零回差和高度的重复性。可以通过采用高分辨率的编码器和控制算法来实现。

⑥防振控制：在某些情况下，机械系统可能会受到外部振动的影响，需要采取措施来抑制振动，例如使用振动阻尼器或主动振动控制系统。

⑦温度稳定性：机械系统的性能通常会受到温度变化的影响，因此需要考虑温度稳定性，并可能需要温度补偿措施。

⑧维护和校准：定期的维护和校准是确保机械系统性能稳定的关键。其包括清洁、润滑、紧固等维护工作，以及校准传感器和控制系统。

综合考虑这些要求和措施，可以设计和构建适合机电一体化系统的机械系统，以确保其工作可靠、性能稳定，并满足特定应用的需求。同时，机械系统的设计还需要与电子控制系统协调配合，以实现整个机电一体化系统的协同工作。

二、机械传动

（一）齿轮传动

消除齿轮间隙的方法选择取决于具体的应用和性能要求。每种方法都有其优点和局限性，需要根据实际情况来进行选择和设计。机电一体化系统的设计师通常需要仔细考虑传动机构的性能和精度要求，以选择最合适的消除齿轮间隙的方法。

1. 直齿圆柱齿轮传动

（1）偏心套（轴）调整法

偏心套式间隙消除机构如图 2-1 所示，将相互啮合的一对齿轮中的一个减速齿轮 4 装在电机输出轴上，并将电动机 2 安装在偏心套 1（或偏心轴）上。转动偏心套（轴）的转角，就可调节两啮合齿轮的中心距，从而消除圆柱齿轮正、反转时的齿侧间隙。其特点是结构简单，但其侧隙不能自动补偿。

（2）轴向垫片调整法

圆柱齿轮轴向垫片间隙消除机构如图 2-2 所示，齿轮 1 和 2 相啮合，其分度圆弧齿厚沿轴线方向略有锥度，这样就可以用轴向垫片 3 使齿轮 1 沿轴向移动，从而消除两齿轮的齿侧间隙。其特点同偏心套（轴）调整法。

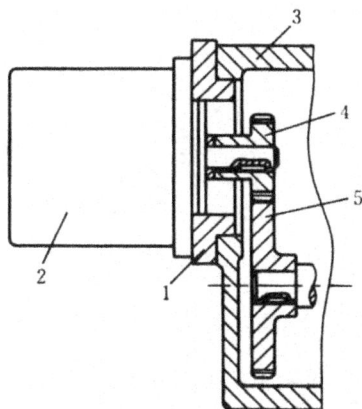

图 2-1 偏心套式间隙消除机构
1—偏心套 2—电动机
3—减速箱 4、5—减速齿轮

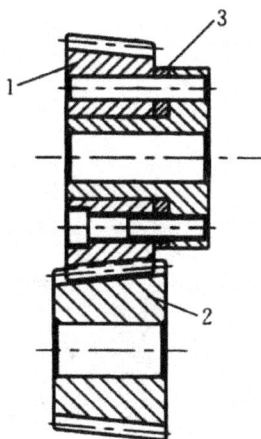

图 2-2 圆柱齿轮轴向
垫片间隙消除机构
1、2—齿轮 3—轴向垫片

（3）双片薄齿轮错齿调整法

这种消除齿侧间隙的方法是将其中一个做成宽齿轮，另一个用两片薄齿轮组成。采取措施使一个薄齿轮的左齿侧和另一个薄齿轮的右齿侧分别紧贴在宽齿轮齿槽的左、右两侧，以消除齿侧间隙，反向时不会出现死区，具体调整措施如下：

周向弹簧式（图 2-3）：在两个薄片齿轮 3 和 4 上各开了几条周向圆弧槽，并在齿轮 3 和 4 的端面上有安装弹簧 2 的短柱 1。在弹簧 2 的作用下，薄片齿轮 3 和 4 错位而消除齿侧间隙。这种结构形式中的弹簧 2 的拉力必须足以克服驱动转矩才能起作用。

因该方法受到周向圆弧槽及弹簧尺寸限制，故仅适用于读数装置而不适用于驱动装置。

可调拉簧式（图2-4）：在两个薄片齿轮1和2上装有凸耳3，弹簧的一端钩在凸耳3上，另一端钩在螺钉7上。弹簧4的拉力大小可用螺母5调节螺钉7的伸出长度，调整好后再用螺母6锁紧。

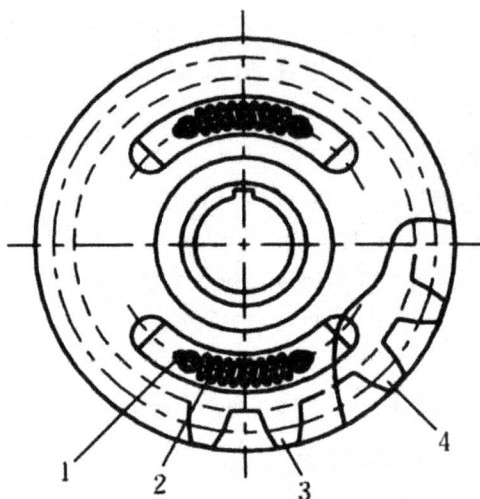

图2-3　周向拉簧式调隙机构

1—短柱　2—弹簧　3、4—薄片齿轮

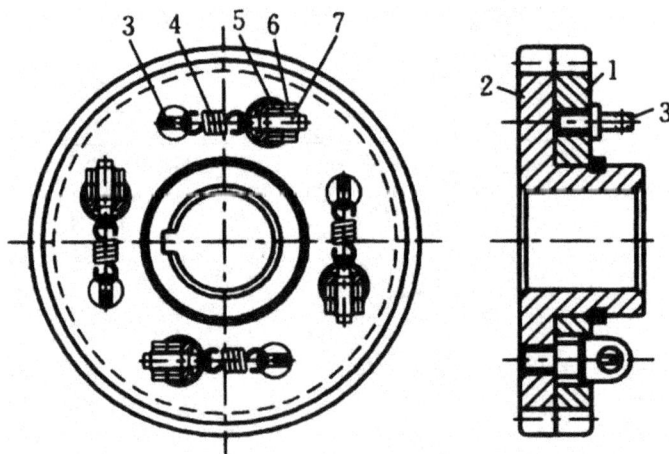

图2-4　可调拉簧式调隙机构

1、2—薄片齿轮　3—凸耳　4—弹簧　5、6—螺母　7—螺钉

2. 斜齿轮传动

消除斜齿轮传动齿轮侧隙的方法与上述错齿调整法基本相同，也是用两个薄片齿轮与一个宽齿轮啮合，只是在两个薄片斜齿轮的中间隔开了一小段距离，这样它们的螺旋线便错开了。图2-5（a）是薄片错齿调隙机构，其特点是结构比较简单，但调整

较费时，且齿侧间隙不能自动补偿，图 2 − 5（b）是轴向压簧错齿调隙机构，其特点是齿侧隙可以自动补偿，但轴向尺寸较大，结构欠紧凑。

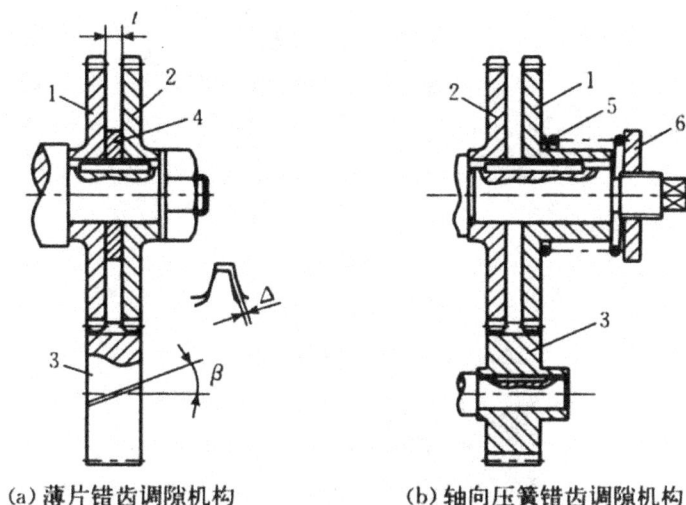

图 2 − 5　斜齿轮调隙机构
1、2—薄片齿轮　3—宽齿轮　4—调整螺母　5—弹簧　6—垫片

3. 锥齿轮传动

（1）轴向压簧调整法，锥齿轮轴向压簧调隙机构如图 2 − 6 所示，在锥齿轮 4 的传动轴 7 上装有压簧 5，其轴向力大小由螺母 6 调节。锥齿轮 4 在压簧 5 的作用下可轴向移动，从而消除了其与啮合的锥齿轮 1 的齿侧间隙。

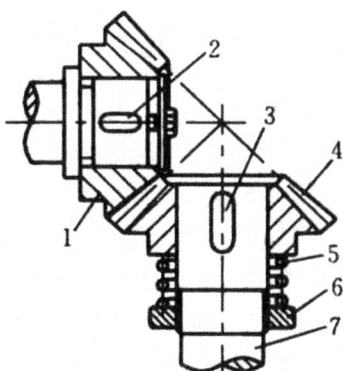

图 2 − 6　锥齿轮轴向压簧调隙机构
1、4—锥齿轮　2、3—键　5—压簧　6—螺母　7—传动轴

（2）周向弹簧调整法，锥齿轮周向弹簧调隙机构如图 2 − 7 所示，将与锥齿轮 3 啮合的齿轮做成大小两片（1、2），在大片锥齿轮 1 上制有 3 个周向圆弧槽 8，小片锥齿轮 2 的端面制有 3 个可伸入槽 8 的凸爪 7。弹簧 5 装在槽 8 中，一端顶在凸爪 7 上，另一端顶在镶在槽 8 中的镶块 4 上。止动螺钉 6 装配时使用，安装完毕将其卸下，则大、

小片锥齿轮 1、2 在弹簧力作用下错齿，从而达到消除间隙的目的。

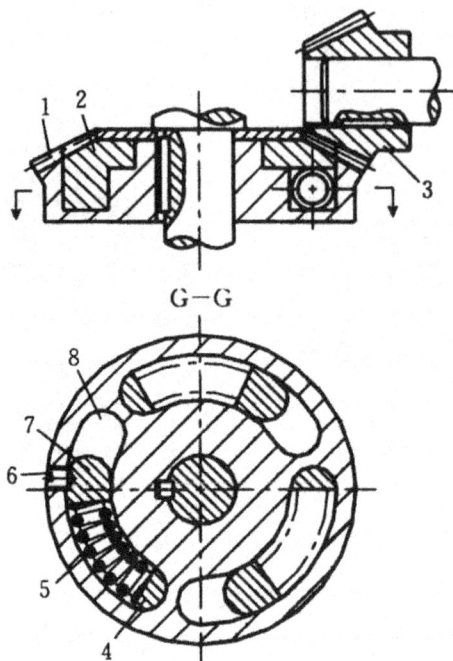

图 2-7 锥齿轮周向弹簧调隙机构
1—大片锥齿轮 2—小片锥齿轮 3—锥齿轮
4—镶块 5—弹簧 6—止动螺钉 7—凸爪 8—槽

4. 齿轮齿条传动机构

在机电一体化产品中，对于大行程传动机构往往采用齿轮齿条传动，因为其刚度、精度和工作性能不会因行程增大而明显降低，但它与其他齿轮传动一样也存在齿侧间隙，应采取消隙措施。

当传动负载小时，可采用双片薄齿轮错齿调整法，使两片薄齿轮的齿侧分别紧贴齿条的齿槽两相应侧面，以消除齿侧间隙。

当传动负载大时，可采用双齿轮调整法。齿轮齿条的双齿轮调隙机构如图 2-8 所示，小齿轮 1、6 分别与齿条 7 啮合，与小齿轮 1、6 同轴的大齿轮 2、5 分别与齿轮 3 啮合，通过预载装置 4 向齿轮 3 上预加负载，使大齿轮 2、5 同时向两个相反方向转动，从而带动小齿轮 1、6 转动，其齿面便分别紧贴在齿条 7 上齿槽的左、右侧，消除了齿侧间隙。

（二）谐波齿轮传动

谐波齿轮传动具有结构简单、传动比大（几十至几百）、传动精度高、回程误差小、噪声低、传动平稳、承载能力强、效率高等优点，故在工业机器人、航空、火箭等机电一体化系统中日益得到广泛的应用。

1. 谐波齿轮传动的工作原理

谐波传动是建立在弹性变形理论基础上的一种新型传动，它的出现为机械传动技

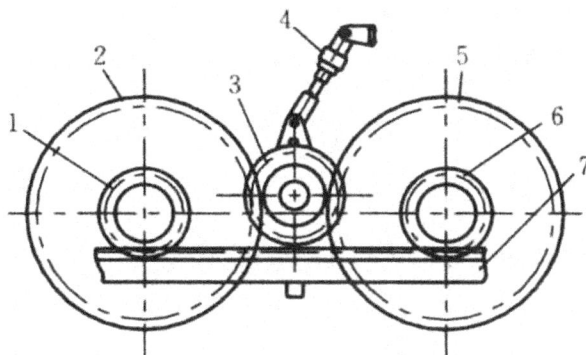

图 2-8 齿轮齿条的双齿轮调隙机构

1、6—小齿轮 2、5—大齿轮 3—齿轮 4—预载装置 7—齿条

术带来了重大突破。图 2-9 为谐波齿轮啮合原理示意。它由 3 个主要构件组成，即具有内齿的刚轮 1、具有外齿的柔轮 2 和波发生器 3。这 3 个构件和少齿差行星齿轮传动中的中心内齿轮、行星轮和系杆相当。通常波发生器为主动件，而刚轮和柔轮之一为从动件，另一个为固定件。当波发生器装入柔轮内孔时，由于前者的总长度略大于后者的内孔直径，故柔轮变为椭圆形，于是在椭圆的长轴两端产生了柔轮与刚轮轮齿的两个局部啮合区；同时在椭圆短轴两端，两轮轮齿则完全脱开。至于其余各处，则视柔轮回转方向的不同，或处于啮合状态，或处于非啮合状态。当波发生器连续转动时，柔轮长短轴的位置不断变化，从而使轮齿的啮合处和脱开处也随之不断变化，于是在柔轮与刚轮之间就产生了相对位移，从而传递运动。

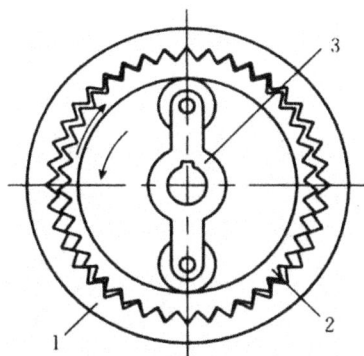

图 2-9 谐波齿轮啮合原理示意

1—刚轮 2—柔轮 3—波发生器

在波发生器转动一周期间，柔轮上一点变形的循环次数与波发生器上的凸起部位数是一致的，称为波数。常用的有两波和三波两种。为了有利于柔轮的力平衡和防止轮齿干涉，刚轮和柔轮的齿数差应等于波发生器波数（波发生器上的滚轮数）的整倍数，通常取波数。

由于在谐波齿轮传动过程中，柔轮与刚轮的啮合过程与行星齿轮传动类似，故其传动比可按周转轮系的计算方法求得。

2. 谐波齿轮传动的传动比计算

与行星齿轮轮系传动比的计算相似

$$i_{rg}^{H} = \frac{\omega_r - \omega_H}{\omega_g - \omega_H} = \frac{z_g}{z_r}$$

$$(2-1)$$

式中：ω_g、ω_r、ω_H——刚轮、柔轮和波形发生器的角速度；

z_g、z_r——刚轮和柔轮的齿数。

（1）当柔轮固定时，$\omega_r = 0$，则

$$i_{rg}^{H} = \frac{0 - \omega_H}{\omega_g - \omega_H} = \frac{z_g}{z_r}, \quad \frac{\omega_g}{\omega_H} = 1 - \frac{z_r}{z_g} = \frac{z_g - z_r}{z_g}$$

$$i_{Hg} = \frac{\omega_H}{\omega_g} = \frac{z_g}{z_g - z_r}$$

$$(2-2)$$

设 $z_r = 200$、$z_g = 202$ 时，则 $i_{Hg} = 101$。结果为正值，说明刚轮与波形发生器转向相同。

（2）当刚轮固定时，$\omega_g = 0$，则

$$i_{rg}^{H} = \frac{\omega_r - \omega_H}{0 - \omega_H} = \frac{z_g}{z_r}, \quad \frac{\omega_r}{\omega_H} = 1 - \frac{z_g}{z_r} = \frac{z_r - z_g}{z_r}$$

$$i_{Hr} = \frac{\omega_H}{\omega_r} = \frac{z_r}{z_r - z_g}$$

$$(2-3)$$

设 $z_r = 200$、$z_g = 202$ 时，则 $i_{Hr} = -100$。结果为负值，说明柔轮与波形发生器转向相反。

（三）滚珠丝杠传动

1. 工作原理与结构

滚珠丝杠传动是一种常见的机械传动方式，它将旋转运动转换为线性运动。这种传动方式主要由丝杠、滚珠螺母和轴承组成，具有高效、高精度和高负载能力。以下是滚珠丝杠传动的工作原理和结构。

（1）工作原理

①丝杠：滚珠丝杠传动的核心是丝杠，它是一个螺旋状的轴，其表面有一系列螺纹。当丝杠旋转时，螺纹会引导滚珠螺母在丝杠上运动。

②滚珠螺母：滚珠螺母是滚珠丝杠传动中的关键组件。它通常位于丝杠上，并包含一组滚珠。这些滚珠在滚动时，在丝杠的螺纹上滑动，从而实现线性运动。滚珠螺母通常由金属或塑料制成，具有低摩擦和高负载能力。

③驱动装置：滚珠丝杠传动通常需要一个驱动装置，如电机，将旋转动力传递给丝杠，以使其旋转。这个驱动装置通常与丝杠的一端连接。

（2）结构

滚珠丝杠传动的结构通常包括以下部分。

①丝杠：丝杠通常由钢制成，其螺纹可以是单螺纹或多螺纹，根据特定应用的需

求选择。

②滚珠螺母：滚珠螺母通常由金属或塑料制成，内部容纳一组滚珠。滚珠螺母通常有内部螺纹，与丝杠的螺纹相配合。

③轴承：滚珠丝杠传动通常需要轴承支持，以减少摩擦和提高运动的平稳性。轴承通常位于滚珠螺母的两端或其他关键位置。

④驱动装置：驱动装置通常与丝杠的一端连接，以提供旋转动力。驱动装置可以是电机、手动旋钮或其他动力源。

工作原理和结构的组合使滚珠丝杠传动能够将旋转运动转换为线性运动，具有高效率、高精度和高负载能力的特点。它在许多应用中都有广泛的应用，如数控机床、自动化设备、升降系统、3D 打印等，用于实现精确的线性运动。

2. 滚珠丝杠副轴向间隙的调整和施加预紧力的方法

滚珠丝杠副除了对本身单一方向的传动精度有要求外，对其轴向间隙也有严格要求，以保证其反向传动精度。滚珠丝杠副的轴向间隙是承载时在滚珠与滚道面接触点的弹性变形所引起的螺母位移量和螺母原有间隙的总和。通常采用双螺母预紧或单螺母预紧的方法，把弹性变形控制在最小限度内，以减小或消除轴向间隙，并可以提高滚珠丝杠副的刚度。

（1）双螺母预紧原理

是在两个螺母之间加垫片来消除丝杠和螺母之间的间隙。根据垫片厚度不同分成两种形式，当垫片厚度较厚时即产生"预拉应力"，而当垫片厚度较薄时即产生"预压应力"以消除轴向间隙。

（2）单螺母预紧原理（增大滚珠直径法）

为了补偿滚道的间隙，设计时将滚珠的尺寸适当增大，使其 4 点接触，产生预紧力，为了提高工作性能，可以在承载滚珠之间加入间隔钢球。

（3）单螺母预紧原理（偏置导程法）

仅仅是在螺母中部将其导程增加一个预压量 Δ，以达到预紧的目的。

3. 滚珠丝杠副的轴向弹性变形

滚珠丝杠受轴向载荷后，滚珠和滚道面将产生弹性变形，轴向弹性变形量 δ_a 与轴向载荷 F_a 之间的关系与滚动轴承的计算相同，根据 Hertz 的点接触理论，δ_a 和 F_a 满足下式：

$$\delta_a \propto F_a^{2/3} \tag{2-4}$$

（1）单螺母预紧（无预紧）的轴向弹性变形 δ_a

$$\delta_a = \frac{1.2}{\sin\alpha}\left(\frac{Q}{D_a}\right)^{1/3} (\mu\text{m}) \tag{2-5}$$

$$Q = 10 \times F_a/Z\sin\alpha$$

式中：α ——滚珠和滚道的接触角（45°）；

D_a ——滚珠直径（mm）；

Q ——单个滚珠所受载荷（N）；

Z ——滚珠数；

F_a——轴向载荷。

（2）双螺母预紧时的轴向变形量

双螺母预紧如图2-10所示，对两个螺母A和B施加预紧力F_{ao}后，螺母A、B均变形至X点。如果这时有外力F_a，则螺母A从X点向X_1点、螺母B从X点向X_2点移动（图2-11）。由于δ_a和F_a成正比，假设其比例系数为k，则有$\delta_{ao}=kF_{ao}^{2/3}$，并且螺母A和B的变形量分别为

$$\delta_A = kF_A^{2/3} \tag{2-6}$$

$$\delta_B = kF_B^{2/3} \tag{2-7}$$

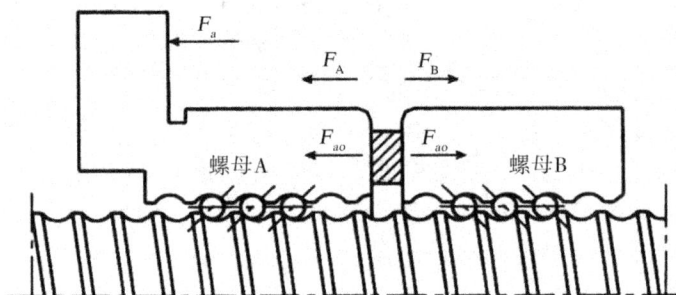

图2-10 双螺母预紧

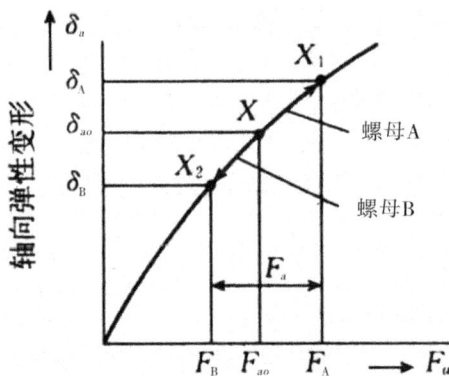

图2-11 预压曲线

由于在外力F_a作用下螺母A和B的变形量相同（方向相反），所以

$$\delta_A - \delta_{as} = \delta_{av} - \delta_B \tag{2-8}$$

而且，当仅有外力F_a作用时，$F_A - F_B = F_a$。随着F_a几乎全被螺母A吸收，当$\delta_B = 0$时，

$$kF_A^{2/3} - kF_{av}^{2/3} = kF_{av}^{2/3}$$

$$F_A^{2/3} = 2F_{av}^{2/3}$$

$$F_A = \sqrt{8}F_{av} \approx 3F_{av} \tag{2-9}$$

又因为$\delta_A - \delta_{as} = \delta_{av}$，所以

$$\delta_{as} = \frac{1}{2}\delta_A \qquad (2-10)$$

因此,当施加预紧力的 3 倍的轴向载荷时,预紧滚珠丝杠副变形量仅为无预紧滚珠丝杠副的 1/2,即刚度增加了一倍。刚度 K 可写成

$$K = \frac{F_a}{10 \times \delta_{av}} = \frac{3F_{ao}}{5\delta_a} \qquad (2-11)$$

式中:K——刚度(N/μm);

F_a——轴向载荷(N);

δ_{av}——预紧丝杠副的轴向弹性变形量(μm);

F_{ao}——预紧载荷(N);

δ_a——无预紧丝杠副的轴向弹性变形量(μm)。

目前制造的单螺母式滚珠丝杠副的轴向间隙达 0.05 mm,而双螺母式的经加预紧力调整后基本上能消除轴向间隙。应用该方法消除轴向间隙时应注意以下两点:

①预紧力大小必须合适,过小不能保证无隙传动;过大将使驱动力矩增大,效率降低,寿命缩短。预紧力应不超过最大轴向负载的 1/3。

②要特别注意减小丝杠安装部分和驱动部分的间隙,这些间隙用预紧的方法是无法消除的,而它对传动精度有直接影响。

4. 滚珠丝杠副的安装

滚珠丝杠副的安装是确保其正常运行和性能稳定的重要步骤。以下是一般的滚珠丝杠副安装步骤和注意事项。

①检查零件:在开始安装之前,确保所有滚珠丝杠副的零件齐全并没有损坏。检查丝杠、滚珠螺母、轴承、紧固件等。

②清洁工作区:确保安装的工作区域干净,没有杂物或污物,以防止进入滚珠丝杠副内部。

③定位丝杠和滚珠螺母:将滚珠螺母安装在丝杠上,确保它们对齐和匹配。滚珠螺母通常有一个或多个孔,用于固定在机器或支架上。

④安装轴承:如果滚珠丝杠副需要轴承支持,确保正确安装轴承。轴承通常位于丝杠两端或其他关键位置。

⑤调整轴向间隙和预紧力:根据制造商提供的建议,调整滚珠螺母的轴向间隙和施加适当的预紧力。这确保了滚珠丝杠副的性能和精度。

⑥安装传动装置:如果有传动装置,如电机或其他驱动装置,将其正确安装在丝杠上,并确保正确连接。

⑦校准和测试:在滚珠丝杠副安装完成后,进行校准和测试以确保其性能和精度。这可能涉及测量线性或旋转运动的准确性。

⑧确保润滑:根据制造商的建议,确保滚珠丝杠副获得适当的润滑。这可以使用润滑油或润滑脂来完成。

⑨定期维护:滚珠丝杠副需要定期维护,包括清洁、润滑和紧固螺钉等。请根据制造商提供的维护手册执行。

⑩安全注意事项：在安装过程中，请遵守安全规定，确保使用适当的个人防护装备。

滚珠丝杠副的安装可能会因制造商和型号而异，因此始终建议仔细阅读制造商提供的产品手册、技术规格和安装说明，以确保正确安装和使用。如果不确定如何安装滚珠丝杠副，最好咨询制造商或专业技术支持人员的建议。

三、导轨

（一）导轨副的种类及基本要求

导轨副是一种机械传动系统，用于实现线性运动，通常由导轨和滑块组成。导轨副具有多种种类，以满足不同应用的需求。以下是常见的导轨副种类以及它们的基本要求：

①滚珠导轨副

基本要求：高精度、低摩擦、高效率、高负载能力、长寿命、低噪声、低背隙。

②滑块导轨副

基本要求：高精度、低摩擦、高刚度、高负载能力、长寿命、低背隙、易于维护。

③滑块式直线导轨副

基本要求：高精度、低摩擦、高负载能力、高刚度、长寿命、低背隙、抗腐蚀。

④滑动导轨副

基本要求：高负载能力、高刚度、低背隙、抗腐蚀、适用于高温环境。

⑤线性导轨副

基本要求：高精度、高负载能力、高刚度、低背隙、长寿命、低噪声、抗腐蚀。

⑥齿条导轨副

基本要求：高传动精度、高刚度、高负载能力、低背隙、高效率、长寿命、低噪声。

⑦滑板式导轨副

基本要求：高精度、高负载能力、高刚度、低背隙、长寿命、低摩擦、低噪声。

不同种类的导轨副适用于不同的应用领域，根据具体的工程需求和性能要求选择合适的导轨副非常重要。导轨副的基本要求通常包括高精度、高负载能力、高刚度、低背隙、长寿命、低噪声、低摩擦和抗腐蚀性能。这些要求可以确保导轨副在工程和制造应用中能够稳定、可靠地工作，并提供高度的精度和性能。

（二）导轨副间隙调整

导轨副的间隙调整是确保其正常运行和性能稳定的关键步骤。导轨副的间隙是指导轨和滑块之间的空隙，它会影响到滑块的运动精度和刚度。以下是一般性的导轨副间隙调整步骤和注意事项。

①定位滑块：将滑块放置在导轨上，并确保它的位置正确。滑块通常有两个或更多的固定点，用于连接到机械结构。

②松开紧固螺钉：通常，导轨副的滑块上会有一些紧固螺钉，用于调整间隙。松开这些螺钉，使滑块可以在导轨上自由移动。

③调整间隙：根据制造商提供的建议，小心地调整滑块的位置，以达到所需的间隙。这可以通过手动移动滑块或使用专用工具来完成。

④测试和校准：在调整间隙后，进行测试以确保导轨副的性能和精度。这可能涉及测量线性运动的准确性，以确保它满足要求。

⑤紧固螺钉：一旦达到所需的间隙，紧固滑块上的螺钉，将滑块锁定在适当位置。

⑥定期维护：导轨副需要定期维护，包括检查和重新调整间隙，以确保其性能和寿命得到维护。

不同类型的导轨副可能有不同的调整方法和要求。因此，建议在进行间隙调整之前，仔细阅读制造商提供的产品手册、技术规格和安装说明。如果不确定如何进行间隙调整，最好咨询制造商或专业技术支持人员的建议，以确保正确完成调整，并确保导轨副的性能和精度得到最佳的维护和使用。

（三）导轨副的材料选择

导轨副的材料选择对于其性能和寿命至关重要。不同的应用和环境条件需要不同种类的材料。以下是常见的导轨副材料选择。

①导轨材料

- 钢材（通常是合金钢或不锈钢）：钢材具有高强度、高硬度和耐磨性，适用于大多数工业应用。
- 铝材：铝轨道轻巧，具有良好的抗腐蚀性，适用于轻负载和高速应用。
- 高分子材料（如尼龙、聚氨酯、聚乙烯等）：用于低负载、低速度和低噪声要求的应用。

②滑块材料

- 滚珠：滚珠滑块通常使用金属制成，如合金钢或不锈钢，以确保高负载能力和耐磨性。
- 滑动：滑动滑块通常使用高分子材料，如尼龙、聚乙烯或聚氨酯，以减小摩擦和噪声。

③端盖材料

- 塑料或金属端盖：用于封闭导轨副的端部，以保护滑块和轨道，通常选择具有良好耐腐蚀性的材料。

④球或滚珠材料

- 钢质球或滚珠：通常使用合金钢或不锈钢材料，以确保高负载能力和耐磨性。
- 陶瓷球或滚珠：对于高速度、高温度或特殊应用，陶瓷材料如氧化锆或氮化硅等可提高性能。

⑤导轨副的表面处理

- 硬化：通过热处理或化学处理提高导轨和滑块的表面硬度，增加耐磨性和寿命。
- 涂层：应用特殊涂层，如陶瓷涂层，以提高耐磨性和减小摩擦。

在选择导轨副材料时，需要考虑以下因素：

- 负载：确保材料能够承受所需的负载。
- 速度：适用于高速或低速应用的材料选择。

- 环境条件：考虑工作环境中的温度、湿度、化学物质和腐蚀因素。
- 寿命要求：根据预期的使用寿命选择耐磨材料。
- 成本：权衡材料成本与性能。

最终的材料选择应根据具体应用的需求和性能要求来决定，通常需要向制造商或材料专家进行咨询，以确保选择最适合的导轨副材料。

（四）滚动导轨副

1. 滚动导轨的特点

滚动导轨是一种用于线性运动控制的机械元件，具有许多特点，使其在工业和制造应用中广泛使用。以下是滚动导轨的主要特点。

①高精度：滚动导轨通常具有高度精确的制造工艺，可以提供精确的线性运动和位置控制，适用于需要高精度的应用。

②高刚度：滚动导轨的结构通常设计为刚性，能够承受较大的负载和力矩，提供稳定的支撑。

③低摩擦：由于使用滚动元件（通常是滚珠或滚柱），滚动导轨具有较低的摩擦，这有助于降低能量消耗并提高效率。

④高速度：滚动导轨适用于高速运动，因为滚动元件的设计使其减小了滑动摩擦，降低了发热。

⑤长寿命：滚动导轨通常采用耐磨材料和高质量的滚动元件，因此具有较长的使用寿命和可靠性。

⑥低背隙：滚动导轨通常具有较小的背隙，这意味着在反向运动时也能提供高度的精确度。

⑦低噪声：由于使用滚动元件，滚动导轨通常产生较低的噪声水平，适用于对噪声敏感的应用。

⑧自润滑：一些滚动导轨具有自润滑装置，可以降低维护需求并提高性能。

⑨多种型号：滚动导轨有多种不同型号和尺寸，适用于各种应用和负载要求。

⑩安装灵活性：滚动导轨通常可以在不同的方向和角度安装，以满足不同的工程需求。

滚动导轨也有一些局限性，例如对污染敏感和需要定期维护。因此，在选择和使用滚动导轨时，需要根据具体应用的要求和环境条件来权衡其优点和局限性。

2. 滚动导轨的分类

滚动导轨根据其内部滚动元件的类型和结构，可以分为以下几种。

①滚珠导轨

滚珠导轨是最常见的直线导轨类型。它使用滚珠作为滚动元件，通常由两个或多个滚珠在导轨内的轨道上滚动，以实现平稳的线性运动。滚珠导轨通常提供高精度和高负载能力，适用于各种应用领域。

②滚柱导轨

滚柱导轨使用滚柱作为滚动元件，通常比滚珠导轨更适合高负载和高刚度的应用。滚柱导轨的结构通常更为坚固，可以承受较大的负载。

③滚针导轨

滚针导轨使用滚针作为滚动元件，通常用于中等负载和高速运动应用。滚针导轨具有较小的外形尺寸，适用于空间有限的应用场合。

④滑动导轨

滑动导轨使用滑块或滑板与导轨表面直接接触，没有滚动元件。其通常适用于低负载和低速度应用，具有简单的结构和低成本。

⑤十字滑块导轨

十字滑块导轨是一种高精度的导轨类型，它使用十字滚子作为滚动元件。它通常用于需要高精度和高刚度的应用，如精密加工设备和测量设备。

⑥角接触滚珠导轨

角接触滚珠导轨结合了角接触滚珠轴承的原理，具有较高的刚度和高负载能力。它们通常用于需要同时承受径向和轴向负载的应用。

每种类型的滚动导轨都有其独特的优点和适用性，选择适当的导轨类型取决于具体的应用需求，如负载、速度、精度和空间限制等。在选择和使用导轨时，需要仔细考虑这些因素以及导轨的性能和寿命。

四、支承件

支承件在机电一体化设备中扮演着至关重要的角色，它们直接影响了设备的性能、精度和可靠性。因此，在设备设计和制造过程中，选择适当的支承件类型、材料和制造工艺非常重要，以满足特定应用的需求。

（一）支承件设计的基本要求

1. 应具有足够的刚度和抗振性

由于支承件的自重和其他零部件的质量以及运动部件惯性力的作用，其本身或与其他零部件的接触表面发生变形。若变形过大会影响设备的精度或工作时产生振动。为了减小受力变形，支承件应具有足够的刚度。

刚度是抵抗载荷变形的能力。抵抗恒定载荷变形的能力称为静刚度；抵抗交变载荷变形的能力称为动刚度。如果基础部件的刚性不足，则在工件的重力、夹紧力、摩擦力、惯性力和工作载荷等的作用下，就会产生变形、振动或爬行，而影响产品定位精度、加工精度及其他性能。

机座或机架的静刚度，主要是指它们的结构刚度和接触刚度。动刚度与静刚度、材料阻尼及固有振动频率有关。在共振条件下，动刚度 K_ω 可用下式表示：

$$K_\omega = 2K\xi = 2K\frac{B}{\omega_0} \qquad (2-12)$$

式中：K——静刚度（N/m）；

ξ——阻尼比；

B——阻尼系数；

ω_0——固有振动频率（s^{-1}）。

动刚度是衡量抗振性的主要指标，在一般情况下，动刚度越大，抗振性越好。抗振性是指承受受迫振动的能力。受迫振动的振源可能存在于系统（或产品）内部，如驱动电机转子或转动部件旋转时的不平衡惯性力等。振源也可能来自设备的外部，如邻近机器设备、运行车辆、人员活动等。

抗振性包括两个方面的含义：①抵抗受迫振动的能力，即能限制受迫振动的振幅不超过允许值的能力；②抵抗自激振动的能力。例如，机床在进行切削过程中，由于切削力的变化或外界的激振，机床产生不允许的振动，影响其加工质量，严重时甚至不能进行工作。设备的刚度与抗振性有一定的关系，如果刚度不足，则容易产生振动。

2. 应具有较小的热变形和热应力

确保机电一体化设备的支承件具有较小的热变形和热应力是非常重要的，特别是在高温环境或需要高精度的应用中。热变形和热应力可能会导致设备的性能下降或不稳定。以下是一些减小支承件的热变形和热应力的方法和注意事项。

①材料选择：选择具有较低热膨胀系数的材料，将有助于减小热变形。一些材料，如不锈钢、陶瓷和复合材料，通常具有较低的热膨胀系数。

②散热设计：良好的散热设计可以帮助分散热量，减小支承件的温升。这可以通过增加散热表面积、使用散热片或散热模块等方式来实现。

③温度控制：在需要高精度的应用中，可以考虑使用温度控制系统，以维持设备在稳定的温度范围内运行。

④避免急剧的温度变化：急剧的温度变化可能会导致支承件产生热应力。在可能的条件下，应避免急剧的温度变化，或采取措施来减缓温度变化的速度。

⑤热补偿：一些高精度应用中，可以考虑使用热补偿装置，根据温度变化自动调整支承件的位置。

⑥定期维护：定期维护支承件，包括检查和清洁，以确保其性能稳定，并及时发现并处理可能的问题。

⑦使用热稳定材料：一些支承件制造商提供了具有较高热稳定性的特殊材料，适用于高温环境下的应用。

在机电一体化设备的设计和运行中，理解支承件的热特性，并采取适当的措施来减小热变形和热应力，可以确保设备在不同温度条件下保持稳定的性能和精度。这对于需要高精度和可靠性的应用非常重要。

3. 耐磨性

耐磨性是材料或零件的一种重要性能。它表示材料或零件在与其他材料或外部环境摩擦或磨损的情况下的抵抗能力。在机电一体化设备中，耐磨性对于确保设备长时间的可靠运行非常重要，特别是对于那些需要频繁运动、高速度或高负载的部件。以下是关于耐磨性的重要方面。

①材料选择：材料的选择对于耐磨性至关重要。一些材料，如合金钢、硬质合金、不锈钢和陶瓷，通常具有较高的耐磨性，适用于需要承受磨损的部件。

②表面处理：表面处理可以提高材料的耐磨性。例如，使用硬化、镀层或表面涂层等方法来增加表面硬度和耐磨性。

③润滑：适当的润滑可以降低摩擦和磨损，延长设备零部件的寿命。选择适当的

润滑剂和润滑方式非常重要。

④设计考虑：在设计机电一体化设备时，需要考虑零部件的设计，以减小磨损和摩擦，包括减小摩擦表面的接触压力、优化运动轨迹和使用适当的材料配对。

⑤维护和检查：定期维护和检查设备零部件的磨损情况是确保设备长时间运行的关键。及时更换磨损严重的部件可以防止进一步的损坏。

⑥负载和速度考虑：不同负载和速度条件下，零部件的磨损程度可能会有所不同。因此，在选择和设计设备零部件时，需要考虑其操作条件。

耐磨性是机电一体化设备设计和运行中需要重视的性能特征。通过选择合适的材料、适当的表面处理、正确的润滑和合理的设计，可以提高设备零部件的耐磨性，延长设备的寿命和性能。此外，定期维护和检查也是确保设备长期可靠运行的重要步骤。

4. 结构工艺性及其他要求

在机电一体化设备的设计和制造中，除了材料、耐磨性和热变形等性能要求之外，还需要考虑结构工艺性以及其他一些要求，以确保设备的性能和可靠性。以下是其他重要要求和考虑因素。

①结构工艺性：结构工艺性是指设备的结构设计和制造过程是否容易实现。设计应尽量简化，使装配、维护和维修变得容易。合理的结构设计和工艺流程可以降低制造成本，提高生产效率。

②制造精度：机电一体化设备通常需要高精度的制造，以满足特定的工业应用需求。因此，制造过程中的精度控制和质量检测非常重要。

③可维护性：设备的维护性是指设备是否容易进行维护和修理。合理的设计可以降低维护难度，减少停机时间，提高设备的可靠性。

④安全性：安全性是机电一体化设备设计的重要因素。设备必须符合安全标准和法规，以确保操作人员的安全。

⑤环境适应性：考虑设备使用的环境条件，包括温度、湿度、腐蚀性物质等，以选择适当的材料和涂层，以及采取防护措施。

⑥节能性：设计设备时应考虑节能性，以降低能源消耗，减少运行成本，并减少对环境的影响。

⑦可持续性：可持续性考虑设备的整个生命周期，包括设计、制造、使用和报废阶段。可持续性设计旨在减少资源浪费，降低环境影响，延长设备的使用寿命。

⑧界面和兼容性：设备可能需要与其他设备或系统进行连接和集成。因此，需要确保设备的界面和兼容性，以实现良好的协同工作。

⑨法规和标准：遵守适用的法规和标准是设计和制造机电一体化设备的法律要求，也有助于确保设备的性能和安全性。

综上所述，机电一体化设备的设计和制造涉及多个方面的要求和考虑因素。综合考虑这些因素，并采用合适的工程和制造实践，可以确保设备在性能、质量和可靠性方面达到最佳水平，满足特定应用的需求。

（二）支承件的材料选择

支承件的材料选择对于机电一体化设备的性能和寿命至关重要。不同的应用和工作条件可能需要不同类型的支承件材料。以下是一些常见的支承件材料以及它们的特点：

①合金钢：合金钢通常具有较高的强度和硬度，适用于高负载和高强度要求的应用，通常需要热处理以提高其硬度和耐磨性。

②不锈钢：不锈钢具有良好的抗腐蚀性和耐磨性，适用于潮湿或腐蚀性环境中的应用。不锈钢的不锈性使其具有较长的使用寿命。

③硬质合金：硬质合金通常用于高速旋转部件，如轴承或刀具。其具有出色的耐磨性和高温稳定性。

④陶瓷：陶瓷材料具有优异的硬度、耐磨性和耐高温性能。其通常用于高精度的应用，如轴承或滑动面。

⑤聚合物：聚合物材料通常轻量且具有良好的自润滑性。其适用于低负载和低速度的应用，如轴套或垫片。

⑥青铜：青铜通常用于滑动轴承或滑动面，具有良好的耐磨性和自润滑性。其适用于一些高负载和低速度的应用。

⑦聚四氟乙烯（PTFE）：PTFE 具有出色的自润滑性和化学惰性，适用于一些高温和化学腐蚀环境中的应用。

在选择支承件材料时，需要考虑以下因素。

①负载和应力：根据支承件所承受的负载和应力水平，选择合适的材料以确保足够的强度和刚度。

②环境条件：考虑支承件的使用环境条件，包括温度、湿度、腐蚀性物质等，以选择具有适当耐受性的材料。

③润滑和磨损：一些材料具有良好的自润滑性，减少了摩擦和磨损。根据需要考虑润滑和磨损性能。

④成本和制造：材料的成本和可加工性也是重要因素。确保所选材料在预算内，并且容易加工和制造。

⑤长期性能：考虑支承件的长期性能和寿命要求，以确保其在预期使用寿命内保持性能稳定。

支承件的材料选择是一个关键决策，需要综合考虑多个因素。根据具体的应用需求和工作条件，选择最合适的材料以提高设备的性能和可靠性。在选择材料时，通常需要进行工程分析和测试，以确保所选材料符合设计要求。

（三）支承件的结构设计

1. 选取有利的截面形状

在机电一体化设备的设计中，选取有利的截面形状是确保部件具有足够强度和刚度的重要因素之一。不同的截面形状会影响零部件的受载能力、扭曲刚度、抗弯刚度等性能。以下是一些常见的截面形状以及它们的特点。

①矩形截面：矩形截面通常具有简单的几何形状，易于制造。其在抗弯刚度方面表现良好，适用于梁、梁柱等部件。

②圆形截面：圆形截面在受扭时表现出色，具有较高的扭转刚度。其通常用于轴、

杆和管道等部件。

③T形截面：T形截面具有横向梁的形状，适用于需要承受横向载荷的应用。其常用于桥梁、楼梯和机架等结构。

④I形截面：I形截面类似于T形截面，但带有中央的竖向梁。其在抗弯刚度方面表现出色，常用于梁、柱和桥梁等结构。

⑤H形截面：H形截面具有两个平行的竖向梁，适用于需要承受大扭矩和抗弯刚度的应用，如桥梁和建筑结构。

⑥U形截面：U形截面类似于通常的梁截面，但是底部开放，常用于托座、悬臂梁和底座等应用。

⑦L形截面：L形截面具有一个平行于地面的横向梁和一个竖向的柱子，适用于需要在两个方向上提供支撑的应用，如柱子和支撑结构。

在选择截面形状时，需要根据零部件所承受的载荷类型、大小和方向，以及工作条件和空间限制等因素进行考虑。一般来说，合适的截面形状可以在不浪费材料的前提下提供足够的强度和刚度。此外，还需要考虑材料的选取、制造工艺、成本和设计要求等方面的因素。通常，工程师会使用结构分析和计算工具来辅助选择合适的截面形状，以确保设计的合理性。

2. 设置隔板和加强筋

在机电一体化设备的设计和制造中，设置隔板和加强筋是常用的方法，用来增强零部件的结构强度和稳定性。这些元素通常用于以下目的。

①结构强度增强：隔板和加强筋可以增加零部件的截面积，从而提高其受载能力和抗弯刚度。这对于需要承受大负载或外部力矩的部件非常重要。

②防止弯曲和变形：隔板和加强筋可以减少零部件在加载时的弯曲和变形。这有助于保持零部件的几何形状和稳定性，确保其功能正常。

③防止振动和共振：隔板和加强筋可以改变零部件的振动特性，减少共振现象的发生。这有助于防止零部件在工作时产生不稳定的振动。

④改善疲劳，延长寿命：隔板和加强筋可以分散应力集中点，降低零部件的疲劳破坏风险，延长其使用寿命。

⑤改善连接性能：在一些情况下，隔板和加强筋还可以用于连接不同部件，提高零部件的整体性能。

在设计中，需要根据零部件的形状、受力情况和工作条件来确定隔板和加强筋的位置、数量、尺寸和形状。通常，工程师会使用结构分析和有限元分析等工具来评估这些设计决策的影响，以确保零部件满足设计要求。

需要注意的是，过度的隔板和加强筋可能会增加材料和制造成本，因此需要在结构强度和成本之间进行权衡。合理的设计和分析可以帮助找到最佳的解决方案，以满足性能和经济性要求。

3. 选择合理的壁厚

铸铁支承件按其长度 L、宽度 B、高度 H（均以 m 计）计算当量尺寸 C：

$$C = \frac{2L + B + H}{4} \tag{2-13}$$

然后根据表 2 - 1 选择最小壁厚。选择壁厚时还应考虑具体工艺条件和经济性。选择出的最小壁厚是基本尺寸，局部受力处还可适当加厚，隔板比基本壁厚减薄 1 ~ 2 mm，筋板可比基本壁厚减薄 2 ~ 4 mm。焊接支承件的壁厚可取铸件的 60% ~ 80%。

表 2 - 1　根据当量尺寸选择铸铁支承件的最小壁厚

当量尺寸/m	0.75	1.0	1.5	1.8	2.0	2.5	3	3.5	4.5
外壁厚/mm	8	10	12	14	16	18	20	22	25
隔板或筋厚/mm	6	8	10	12	12	14	16	18	20

4. 选择合理的结构以提高连接处的局部刚度和接触刚度

在两个平面接触处，由于微观的不平度，实际接触的只是凸起部分。当受外力作用时，接触点的压力增大，产生一定的变形，这种变形称为接触变形。为了提高连接处的接触刚度，固定接触面的表面粗糙度应小于 $R_a 2.5~\mu m$，以便增加实际接触面积；固定螺钉应在接触面上造成一个预压力，压强一般为 2 MPa，并据此设计固定螺钉的直径和数量，以及拧紧螺母的扭矩。

5. 提高阻尼比

在机电一体化系统中，提高阻尼比是一种重要的措施，可以改善系统的动态响应和稳定性。阻尼比是描述振动系统阻尼程度的参数，它表示振动的衰减速度。较高的阻尼比通常会导致更快的振动衰减，从而减少振动的持续时间和振幅，提高系统的稳定性。以下是一些提高阻尼比的方法。

①添加阻尼器：一种常见的方法是在系统中添加阻尼器或阻尼元件，例如阻尼器、摩擦器或液体阻尼器。这些元件可以通过吸收振动能量来增加系统的阻尼，从而降低振动的幅度和持续时间。

②调整材料和结构：选择具有较高内部阻尼的材料，或者设计具有内置阻尼结构的零部件，以提高整个系统的阻尼比。

③控制系统设计：通过调整控制系统的参数和算法，可以实现主动控制振动，并提高系统的稳定性，包括使用反馈控制、PID 控制、自适应控制等技术。

④调整系统参数：调整系统的质量、刚度和阻尼参数，以优化系统的阻尼比。可能需要进行结构分析和模拟，以确定最佳参数设置。

⑤使用减振器：减振器是一种专门用于减少机械振动的装置，通常包括弹簧和阻尼器，可以有效地降低系统的振动。

⑥优化结构设计：在设计机械结构时，考虑减少共振点的数量和频率，以减少振动的产生。这包括使用合适的结构支撑和刚性连接。

要选择适当的方法来提高阻尼比，需要根据具体的机电一体化系统和应用需求进行评估和分析。在实际设计中，通常需要进行仿真和试验来验证系统的性能，以确保阻尼比的提高不会引入不必要的负面影响。

6. 支承件的结构工艺性

支承件的结构工艺性是指支承件的设计和制造是否考虑了工艺性的因素，以便于制造和装配。考虑结构工艺性可以确保支承件的生产过程更加高效、成本更低，并且可以减少制造过程中的错误和问题。以下是一些关于支承件结构工艺性的重要考虑因素。

①可制造性：支承件的设计应考虑到制造过程中的可行性，包括材料的可加工性、加工工艺的选择、工具和设备的可用性等因素。支承件的设计过于复杂或难以制造，可能会导致制造困难和高成本。

②组装性：支承件的设计应考虑到组装过程。支承件的零部件之间的配合和连接方式应尽可能简单，以减少组装中的问题和误差。此外，支承件的拆卸和维护也应方便进行。

③材料选择：选择合适的材料可以影响支承件的制造和性能。应根据其可加工性、耐磨性、耐腐蚀性等特性选择材料，并确保满足设计要求。

④制造工艺：支承件的制造工艺应经过详细考虑和规划，包括加工方法、热处理、表面处理等工艺步骤的选择。制造工艺应与支承件的设计相协调，以确保支承件的性能和质量。

⑤工艺控制：在支承件的制造过程中，需要进行工艺控制以确保零部件的质量，包括工艺参数的监测和调整，以及对加工和装配过程的质量控制。

⑥质量保证：支承件的设计和制造应符合相关的质量标准和规范。这可以确保支承件的质量和性能符合设计要求。

综上所述，支承件的结构工艺性是设计和制造过程中的重要考虑因素。充分考虑这些因素，可以提高支承件的制造效率、降低成本，同时确保其性能和质量达到预期水平。

（四）焊接支承件的设计

焊接支承件的设计是一项重要的工程任务，需要综合考虑以下因素。

①结构强度：首先，焊接支承件的设计应确保其具有足够的结构强度来承受工作载荷，包括在设计中考虑静态和动态载荷、冲击载荷以及可能的额外荷载。通常需要进行结构分析来验证支承件的强度。

②材料选择：选择适当的焊接材料对于支承件的性能至关重要。材料应具有足够的强度、耐腐蚀性和耐磨性，以满足设计要求。此外，考虑到焊接工艺，应选择易于焊接的材料。

③焊接工艺：焊接支承件的设计需要考虑焊接工艺，包括焊接方法（例如电弧焊、气体保护焊、摩擦焊等）、焊接电流和电压、焊接速度、焊接材料等。工程师需要确保焊接过程的参数和工艺是合适的，以保证焊接接头的质量。

④焊接接头设计：焊接接头的设计对于支承件的性能和耐久性至关重要。接头的几何形状、角度、长度和尺寸应符合焊接工艺的要求，并且应避免应力集中和裂纹的发生。

⑤焊缝检测：焊接支承件的设计应考虑焊缝的检测和质量控制。一些关键焊接接头可能需要进行无损检测，以确保焊接质量。

⑥防腐蚀和涂装：支承件的表面处理和涂装也是设计的一部分，以提高其耐腐蚀性和外观。这可以延长支承件的寿命。

⑦焊接工艺规范：根据国际和国家标准，支承件的焊接应符合特定的工艺规范。确保设计和制造过程遵循适用的规范是至关重要的。

总之，焊接支承件的设计需要综合考虑多个因素。一个良好的设计可以确保支承件在使用过程中具有足够的性能和可靠性。在设计过程中，通常需要与焊接工程师和材料专家密切合作，以确保设计的可行性。

第二节　伺服系统

一、概述

（一）伺服系统的组成

伺服系统是一种用于精确控制运动的自动控制系统，通常由多个组成部分组成，以实现高精度的位置、速度或扭矩控制。以下是伺服系统的基本组成部分。

①伺服电机：伺服系统的动力源，通常是交流伺服电机或直流伺服电机。伺服电机负责提供驱动力以实现运动。

②编码器或传感器：伺服系统通常配备编码器或其他类型的传感器，用于实时测量伺服电机的位置、速度或扭矩，并将这些信息反馈给控制系统。

③控制器：伺服控制器是伺服系统的"大脑"，负责处理传感器反馈信息并生成控制信号，以调整伺服电机的运动。控制器通常使用嵌入式控制器、PLC（可编程逻辑控制器）或专用伺服控制器。

④反馈回路：反馈回路将传感器测量的信息传递给控制器，使其能够监控和调整伺服电机的运动。这有助于实现闭环控制，提高系统的精度和稳定性。

⑤电力放大器：电力放大器将控制器生成的低功率控制信号放大到足以驱动伺服电机的电流和电压水平。电力放大器通常是功率电子器件，例如 IGBT（绝缘栅双极型晶体管）。

⑥机械传动系统：机械传动系统将伺服电机的运动传递给最终的执行机构或负载，包括齿轮箱、皮带传动、丝杠副等。机械传动系统的设计会影响伺服系统的性能。

⑦控制算法：伺服系统通常配备特定的控制算法，例如 PID 控制算法，用于根据传感器反馈信息来调整伺服电机的控制信号，以实现期望的运动控制。

⑧人机界面（HMI）：HMI 是与伺服系统交互的界面，通常是触摸屏或计算机界面。它用于设置伺服参数、监控系统状态和执行诊断。

这些组成部分共同协作，以实现伺服系统的精确运动控制。伺服系统广泛应用于各种领域，包括机床、自动化生产线、机器人、飞行器、医疗设备等，以实现高精度、高性能的运动控制。

（二）伺服系统的分类

伺服系统可以根据其应用领域、控制方式、性能要求等进行分类。以下是一些常见的伺服系统分类方式。

①按应用领域分类

- 工业伺服系统：应用于工业自动化、机床、生产线等领域，用于精确的位置和速度控制。
- 机器人伺服系统：用于工业机器人、协作机器人等，实现多轴精确控制。
- 医疗伺服系统：用于医疗设备，如手术机器人、CT扫描仪等，要求高精度和稳定性。
- 航空航天伺服系统：应用于航空器和宇宙飞行器，要求高性能和可靠性。

②按控制方式分类

- 位置伺服系统：用于控制伺服电机的位置，通常包括位置反馈。
- 速度伺服系统：用于控制伺服电机的速度，通常包括速度反馈。
- 扭矩伺服系统：用于控制伺服电机的扭矩输出，通常包括扭矩反馈。

③按性能要求分类

- 高性能伺服系统：要求具备高精度、高速度、高响应性和低误差，通常应用于精密加工和机器人领域。
- 一般性能伺服系统：通常用于一般工业自动化，具有适度的精度和响应性能。

④按控制方式分类

- 开环伺服系统：没有反馈回路，控制信号基于输入命令，通常用于较低要求的应用。
- 闭环伺服系统：具有反馈回路，可以实时监测和调整系统的状态，用于精密控制和稳定性要求较高的应用。

⑤按驱动类型分类

- 直流伺服系统：使用直流伺服电机，通常在需要高速和高扭矩的应用中使用。
- 交流伺服系统：使用交流伺服电机，通常具有较高的性能和可靠性，适用于各种应用。

这些是常见的伺服系统分类方式，实际应用中伺服系统的分类可能会根据具体要求和应用场景进行细分和组合。不同类型的伺服系统具有不同的特点和优势，可根据具体应用需求来选择合适的类型。

（三）伺服系统的总体要求

伺服系统的总体要求取决于其具体的应用领域和性能需求，但通常包括以下一些基本要求。

①高精度：伺服系统通常要求具有高度精确的位置、速度或扭矩控制能力，以满足应用的精密性能需求。

②高稳定性：伺服系统应具有良好的稳定性，能够在各种工作条件下保持控制性能的稳定，避免振动、抖动或漂移等问题。

③高响应性：伺服系统要求具有快速的响应能力，能够在短时间内对输入命令做出快速而精确的反应。

④低误差：伺服系统应能够控制误差保持在极小范围内，以确保高精度的运动

控制。

⑤高可靠性：伺服系统在工业生产中通常要求具有高可靠性，能够连续、稳定地工作，并且具备故障自诊断和自修复的能力。

⑥高效率：伺服系统应高效地利用能源并具备低能量损耗，以减少能源消耗和热量产生。

⑦广泛的工作范围：伺服系统通常需要适应不同的工作负载、速度范围和工作环境条件。

⑧灵活性：伺服系统应具有灵活性，能够适应不同的工作模式和任务，以满足多样化的应用需求。

⑨高安全性：伺服系统在一些应用中可能需要具备高度的安全性，以确保操作人员和设备的安全。

⑩易于维护和维修：伺服系统应设计为易于维护和维修，包括易于更换零部件、进行故障诊断和校准。

⑪开放性和可扩展性：一些伺服系统需要具备开放性接口和可扩展性，以便与其他设备和系统集成，实现更复杂的自动化任务。

这些基本要求在伺服系统的设计和选择过程中都会起到关键作用，确保系统能够满足特定应用的需求，并提供高性能和可靠性。不同应用领域和行业对伺服系统的要求有所不同，因此在设计和选择伺服系统时需要根据具体情况进行详细的分析和评估。

二、执行元件

（一）执行元件的种类和特点

执行元件是一种能量转换装置，它处于机电一体化系统的机械运行机构与控制装置的接点（连接）部位，能在控制装置的控制下，将输入的各种形式的能量转换为机械能，例如电动机、液动机、气缸、内燃机等分别把输入的电能、液压能、气压能和热能转换为机械能。由于大多数执行元件已作为系列化商品生产，故在设计机电一体化系统或产品时，可直接选用。

1. 电气式

电气式执行元件以电能为动力，利用电能产生位移或转角等。电气式执行元件包括控制用电动机（步进电动机、DC 和 AC 伺服电动机）、静电电动机、磁致伸缩器件、压电器件、超声波电动机及电磁铁等。其中，利用电磁力的电动机和电磁铁具有操纵简便、适宜编程、响应快、伺服性能好、易与计算机相连接等优点，因而成为机电一体化伺服系统中最常用的执行元件。

另外，其他电气式伺服驱动系统中还有微量位移器件，如：①电磁铁由线圈和衔铁两部分组成，结构简单，由于是单向驱动，故需用弹簧复位，用于实现两固定点间的快速驱动；②压电驱动器是利用压电晶体的压电逆效应来驱动运行机构做微量位移的；③电热驱动器是利用物体（如金属棒）的热变形来驱动运行机构的直线位移的，用控制电热器（电阻）的加热电流来改变位移量，由于物体的线膨胀量有限，位移量当然很小，可用在机电一体化产品中实现微量进给。

2. 液压式

液压式执行元件是按密闭连通器的原理工作的，靠油液通过密闭容积变化的压力势能来传递能量。液压式伺服驱动系统主要包括往复运动的油缸、回转油缸、液压马达等。目前，世界上已开发了各种数字式液压执行元件，如电－液伺服马达和电－液步进马达。这些电－液式马达的最大优点是比电动机的转矩大，可直接驱动运行机构，转矩/惯量比大，过载能力强，适合于重载的高加减速驱动。

3. 气压式

气压式伺服驱动系统除了用压缩空气作为工作介质外，与液压式执行元件无太大区别。具有代表性的气压式执行元件有气缸、气压马达等。气压驱动虽可得到较大的驱动力、行程和速度，但由于空气黏性差且具有可压缩性，故不能在要求定位精度较高的场合使用。

4. 其他执行元件

在新的原理方面，利用压电元件的逆压电效应原理和磁致伸缩、电致伸缩器件等构成的微位移驱动器，已经在微米、亚微米领域获得了广泛应用。

执行元件的特点及优缺点如表 2－2 所示。

表 2－2　执行元件的特点及优缺点

种 类	特 点	优 点	缺 点
电气式	可使用商用电源；信号与动力的传递方向相同；有交流和直流之别，应注意电压大小	操作简便；编程容易；能实现定位伺服；响应快，易与 CPU 相接；体积小、动力较大；无污染	瞬时输出功率大；过载能力差，特别是由于某种情况而卡住时，会引起烧毁事故，易受外部噪声影响
液压式	要求操作人员技术熟练；液压源压力为 $20 \times 10^5 \sim 80 \times 10^5 \mathrm{Pa}$	输出功率大，速度快，动作平稳，可实现定位伺服；易与 CUP 相接	设备难以小型化；液压源或液压油要求（杂质、温度、油量、质量）严格；易泄露且有污染
气压式	要求操作人员技术熟练；空气压力源的压力为 $5 \times 10^5 \sim 7 \times 10^5 \mathrm{Pa}$	气源方便、成本低；无泄漏污染；速度快、操作比较简单	功率小，体积大，动作不够平稳；不易小型化；远距离传输困难；工作噪声大、难以伺服

（二）电气式执行元件

伺服系统中采用的主流驱动装置是电动机。在机电一体化系统（或产品）中使用两类电动机：一类为一般的动力用电动机，如异步电动机和同步电动机等；另一类为控制用电动机（伺服电动机），如力矩电动机、脉冲电动机、开关磁阻电动机、变频调速电动机和各种 AC/DC 电动机等。

伺服电动机是将电能转换为机械能的一种能量转换装置，能够根据控制指令提供正确运动或较复杂动作。伺服电动机可在很宽的速度和负载范围内进行连续、精确的控制，因而在伺服系统设计中得到了广泛的应用。

为了满足伺服系统设计的要求，实现执行元件的精确驱动与定位，保证系统的高效、精确和可靠的性能，伺服电动机有如下基本性能要求：①比功率大。电动机的比功率为 $dP/dt = d(T\omega)/dt = Td\omega/dt|_{T=TN} = T_N\varepsilon = T_N{}^2/J_m$。其中，$T_N$ 为电动机的额定转矩（N·m），J_m 为电动机转子的转动惯量（kg·m²）。②快速性好，即加速转矩大，频响特性好。③位置控制精度高，调速范围宽，低速运行平稳、无爬行现象，分辨力高，振动噪声小。④适应起、停频繁的工作要求。⑤可靠性高，寿命长。

此外，一般还要求伺服电动机具有良好的机械特性和调节特性，其中机械特性是指在一定的电枢电压条件下转速和转矩的关系，而调节特性是指在一定的转矩条件下转速和电枢电压的关系。因此，在进行伺服系统设计时，需要根据系统设计要求选择伺服电动机。

三、执行元件的控制与驱动

（一）步进电动机的控制驱动

步进电动机的控制驱动是指如何控制和驱动步进电动机以实现精确的位置控制和运动。步进电动机是一种将电脉冲信号转换为机械位移的电动机，通常用于需要高精度位置控制的应用，如印刷机、数控机床、3D 打印机等。

步进电动机的控制驱动通常包括以下几个方面。

①电源供应：步进电动机需要适当的电源供应以提供电流和电压。电源的规格应符合步进电动机的额定要求，并且电源应稳定以确保电机运行的可靠性。

②控制器：步进电动机需要连接到一个控制器，控制器负责生成和发送电脉冲信号以控制电机的运动。控制器可以是单片机、PLC、专用的步进电机控制器或计算机等。

③电流驱动器：步进电动机通常需要电流驱动器来控制电机的电流，以确保电机在运行时能够达到所需的扭矩和精度。电流驱动器可以是数字式或模拟式的，具体选择取决于应用需求。

④位置传感器或编码器：为了实现精确的位置控制，步进电动机通常需要连接到位置传感器或编码器，以反馈电机的实际位置信息给控制系统。这有助于纠正误差并实现闭环控制。

⑤控制算法：控制器需要运行适当的控制算法来生成电脉冲信号，控制电机的旋转步进角度或线性位移。常见的控制算法包括开环控制和闭环控制，闭环控制通常更精确。

⑥通信接口：控制器通常需要与其他设备或计算机进行通信，以接收指令或发送状态信息。常见的通信接口包括串口、以太网、CAN 总线等。

⑦保护和监控：步进电动机系统通常需要具备过流、过热、过载等保护功能，以确保系统的安全运行。此外，监控系统也有助于实时监测电机状态和性能。

步进电动机的控制驱动是一个复杂的系统，需要综合考虑电源、控制器、驱动器、传感器、算法和通信等多个方面的因素。不同的应用可能需要不同的控制驱动解决方案，因此在选择和设计步进电动机控制驱动时需要根据具体需求进行详细的规划和配置。

（二）直流伺服电动机的控制驱动

直流伺服电动机的控制驱动是指如何控制和驱动直流伺服电动机以实现精确的位置、速度或扭矩控制。直流伺服电动机通常用于需要高精度运动控制的应用，如数控机床、印刷设备、医疗设备、机器人等。

以下是直流伺服电动机的控制驱动要素。

①电源供应：直流伺服电动机需要适当的电源供应，通常为直流电源。电源的电压和电流规格应符合电动机的额定要求，并且电源应稳定以确保电机运行的可靠性。

②控制器：直流伺服电动机需要连接到一个控制器，控制器负责生成控制信号以控制电机的运动。控制器可以是单片机、PLC、专用伺服控制器或计算机等。

③电流放大器：直流伺服电动机通常需要电流放大器来控制电机的电流，以确保电机在运行时能够达到所需的扭矩和精度。电流放大器通常根据电机的特性进行配置。

④反馈系统：为了实现高精度的运动控制，直流伺服电动机通常需要反馈系统，如编码器或位置传感器，以监测电机的实际位置或速度，并将反馈信息传递给控制器。

⑤控制算法：控制器需要运行适当的控制算法来生成控制信号，以实现位置、速度或扭矩的闭环控制。常见的控制算法包括 PID 控制和更高级的控制算法。

⑥通信接口：控制器通常需要与其他设备或计算机进行通信，以接收指令或发送状态信息。常见的通信接口包括串口、以太网、CAN 总线等。

⑦保护和监控：直流伺服电动机系统通常需要具备过流、过热、过载等保护功能，以确保系统的安全运行。此外，监控系统也有助于实时监测电机状态和性能。

⑧编程和参数设置：控制器通常需要通过编程或参数设置来配置电机的运动特性、速度曲线、加减速度等参数。

直流伺服电动机的控制驱动是一个复杂的系统，需要综合考虑多个因素，以确保电机能够满足特定应用的需求，并提供高性能和可靠性。不同的应用可能需要不同的控制驱动解决方案，因此在选择和设计直流伺服电动机的控制驱动时需要根据具体需求进行详细的规划和配置。

（三）交流伺服电动机的控制驱动

交流伺服电动机的控制驱动系统是一种用于实现高精度位置、速度和扭矩控制的电动机系统。下面是交流伺服电动机控制驱动系统要素。

①电源供应：交流伺服电动机通常需要连接到适当的交流电源供应，通常是三相交流电源。电源的电压和频率应符合电机的额定要求，电源质量应稳定以确保电机正常运行。

②控制器：交流伺服电动机需要连接到一个控制器，控制器负责生成控制信号以实现位置、速度或扭矩的闭环控制。控制器通常配备有专用的控制算法和运动控制功能。

③电机驱动器：电机驱动器是将控制器生成的控制信号转换为电机运动的装置。它负责控制电机的电流和电压以实现所需的位置和速度控制。电机驱动器通常包括功率放大器和反馈回路，用于调整电机的运行状态。

④电流、速度和位置反馈装置：为了实现闭环控制，交流伺服电动机通常需要反馈装置，包括电流传感器、速度传感器和位置传感器（如编码器或解码器）。这些传感器将电机的实际状态信息反馈给控制器，以便进行调整和纠正。

⑤控制算法：控制器使用控制算法来比较目标位置或速度与实际反馈信息，然后生成控制信号以驱动电机。常见的控制算法包括 PID 控制、模型预测控制（MPC）和自适应控制等。

⑥通信接口：控制器通常需要与其他设备或计算机进行通信，以接收指令或发送状态信息。通信接口可以采用标准的工业通信协议，如 Modbus、EtherCAT、Profinet 等。

⑦保护和监控功能：控制驱动系统通常包括过流、过热、过载和过压等保护功能，以确保电机系统安全运行。同时，系统也需要监控电机的性能和状态，以及实时检测故障或异常情况。

⑧参数配置和调整：在安装和维护阶段，用户通常需要配置控制器和电机驱动器的参数，以适应特定的应用需求。其包括电机的额定参数、增益控制、速度曲线和加减速度等。

总的来说，交流伺服电动机的控制驱动系统是一个高度复杂的系统，需要综合考虑多个因素，以确保电机能够满足特定应用的需求，并提供高性能和可靠性。不同的应用可能需要不同类型的控制驱动系统，因此在选择和设计时需要根据具体需求进行详细的规划和配置。

第三章　机电一体化控制及接口技术

第一节　机电一体化控制技术

一、控制技术概述

机电一体化控制技术属于跨学科的领域，它融合了多种工程技术和计算机科学，旨在实现对各种系统和过程的智能化控制和优化。这些技术在现代工程和科技应用中扮演着重要的角色，不断推动着技术的发展和应用的拓展。

（一）机电一体化系统的控制形式

机电一体化系统的控制形式可以根据控制策略和控制器的类型进行分类。以下是常见的机电一体化系统的控制形式。

①开环控制：开环控制是一种基本的控制形式，其中控制器根据预定的输入信号直接控制执行器，而不考虑系统的实际状态或反馈信息。这种控制形式通常用于一些简单的应用，但对于需要高精度和稳定性的任务来说，它可能不够可靠。

②闭环控制：闭环控制是机电一体化系统中常见的高级控制形式。在闭环控制中，系统会使用传感器来监测实际状态，并将反馈信息与预定的目标进行比较。控制器根据这些反馈信息来动态地调整控制信号，以实现更精确的控制和更好的稳定性。闭环控制通常用于需要高精度的应用，如数控机床、飞行器导航等。

③自适应控制：自适应控制是一种高级的闭环控制形式，它具有自学习和自调整的能力。自适应控制系统可以根据系统的变化和不确定性来调整控制策略，以保持系统的性能。这种控制形式通常用于需要适应不断变化条件的应用，如飞行控制和智能机器人。

④模糊控制：模糊控制是一种基于模糊逻辑的控制形式，它允许处理不确定性和模糊性信息。模糊控制系统使用模糊规则和模糊集合来描述控制策略，适应于复杂和模糊的环境。这种控制形式常用于一些模糊、难以建模的系统。

⑤PID控制：PID控制是一种经典的闭环控制形式，它基于比例（P）、积分（I）和微分（D）三个控制项来调整控制信号。PID控制器通过调整这些控制项来实现位置、速度和扭矩的控制。PID控制是机电一体化系统中常见的控制形式，广泛应用于各种领域。

⑥PLC控制：可编程逻辑控制器（PLC）是一种常见的控制设备，用于机电一体化

系统的控制。PLC 控制器可以编程来执行各种控制任务，如逻辑控制、定时控制、计数控制等。它通常用于工业自动化和生产线控制。

机电一体化系统的控制形式可以根据具体应用的要求来选择，不同的控制形式适用于不同的场景和需求。在设计和实施机电一体化系统时，选择合适的控制形式非常重要，以确保系统能够满足性能和稳定性的要求。

（二）控制系统的基本要求和一般设计方法

控制系统的基本要求和一般设计方法在机电一体化系统中至关重要。以下是控制系统的基本要求和设计方法的概述。

基本要求：

①稳定性：控制系统应具有稳定性，即系统的输出应在有限时间内收敛到期望值，而不会出现振荡或不稳定的情况。

②精确性：控制系统应能够实现精确控制，确保输出与期望值之间的误差最小化。这需要考虑控制算法的精度和传感器的准确性。

③响应速度：控制系统应具有快速的响应速度，能够在输入信号发生变化时迅速调整以保持系统性能。这通常涉及控制器的带宽和控制增益的选择。

④鲁棒性：控制系统应对外部扰动和参数变化具有鲁棒性，能够在不确定性条件下稳定运行。这可能需要采用自适应控制或模糊控制等方法。

⑤安全性：控制系统应具有安全性，能够防止系统运行时出现危险或损坏设备。这包括过载保护、过热保护等安全功能的设计。

⑥节能性：控制系统应具有节能性，能够最优化系统的能源利用，减少能源浪费。

一般设计方法：

①系统建模：首先，需要对控制系统进行建模，包括建立数学模型来描述系统的动态特性，可以通过物理原理、传递函数、状态空间等方法来实现。

②控制策略选择：根据系统的特性和要求，选择适当的控制策略，例如 PID 控制、模型预测控制（MPC）、模糊控制等。每种控制策略都有其适用的场景和参数调整方法。

③控制器设计：设计控制器以实现所选的控制策略。这可能涉及控制增益的调整、积分时间常数的设置、微分时间常数的确定等。

④传感器和执行器选择：选择适当的传感器和执行器来获取系统的反馈信息和执行控制命令。确保传感器和执行器的性能符合要求。

⑤调试和优化：进行系统的调试和优化，包括参数调整、闭环测试、稳定性分析等。根据实际性能来不断优化控制系统。

⑥安全性和故障处理：实施安全性措施，包括过载保护、故障检测和处理机制，以确保系统安全运行。

⑦监测和维护：建立系统的监测和维护机制，定期检查系统性能并进行必要的维护工作。

总的来说，控制系统的设计是一个综合性的工程任务，需要综合考虑系统的性能、稳定性、安全性和节能性等多个方面的要求。通过建立合适的数学模型、选择适当的控制策略和精心设计控制器，可以设计出高效、可靠的控制系统，满足各种应用领域的需求。

（三）计算机控制系统的组成及常用类型

1. 计算机控制系统的组成

计算机控制系统是一种常见的机电一体化系统中的控制形式，它使用计算机来执行控制和监测任务。计算机控制系统通常包括以下主要组成部分。

①控制计算机：控制计算机是系统的核心，它执行控制算法，生成控制命令，并与其他组件进行通信。

②传感器：传感器用于测量系统的状态和环境信息，如温度、压力、位置、速度等。传感器将这些信息转换为电信号，并发送给控制计算机进行处理。

③执行器：执行器用于执行控制计算机生成的控制命令，将控制信号转换为物理动作或过程。例如，电机、阀门、液压缸等都可以用作执行器。

④输入/输出接口：输入/输出接口用于连接控制计算机与传感器和执行器。它们允许控制计算机与外部设备进行数据交换和通信。

⑤控制软件：控制软件是在控制计算机上运行的程序，它实现了控制算法和逻辑。这些软件通常包括 PID 控制、模型预测控制（MPC）、模糊控制等，以实现不同的控制策略。

⑥人机界面（HMI）：人机界面用于操作和监测控制系统，包括显示屏、键盘、鼠标、触摸屏等，允许操作人员与系统交互，查看状态信息和进行设置。

⑦数据存储和记录：控制系统通常需要存储和记录系统运行过程中的数据和事件。这些数据可以用于故障诊断、性能分析和质量控制。

⑧通信接口：通信接口允许控制系统与其他系统或网络进行通信，以实现远程监测、远程控制和数据共享。

⑨电源供应：为各个组件提供电源，确保系统正常运行。

⑩安全性和故障处理：控制系统通常包括安全性功能，以确保系统运行时的安全性。此外，系统还应具备故障检测和处理机制，以应对可能的故障情况。

计算机控制系统通过集成计算机技术、传感器、执行器和控制软件，实现对机电一体化系统的智能化控制和监测。这种系统广泛应用于工业自动化、机器人技术、交通系统、家居自动化等领域，以提高生产效率、质量和自动化水平。

2. 计算机控制系统的类型

由于微型计算机的迅速发展，机电一体化系统大多采用计算机作为控制器，目前常用的有基于单片机、单板机、普通 PC 机、工业 PC 机和可编程逻辑控制器（PLC）等多种类型的控制系统。表 3 - 1 为各种计算机控制系统的性能指标。其中，由于 PLC 及单片机控制系统具有一系列优点而被越来越多地应用于机电一体化系统中。

表 3 - 1　各种计算机控制系统的性能指标

控制装置比较项目	普通计算机系统		工业控制机		可编程逻辑控制器	
	单片（单板）系统	PC 扩展系统	STD 总线系统	工业 PC 系统	PLC（256点以内）	大型 PLC
控制系统的组成	自行研制（非标准化）	配备各类功能接口板	选购标准化 STD 模块	整机已成系统，外部另行配置	按使用要求选购相应的产品	
系统功能	简单的逻辑控制或模拟量控制	数据处理功能强，可组成功能强的完整系统	可组成从简单到复杂的各种测控系统	本身已具备完整的控制功能，软件丰富，执行速度快	逻辑控制为主，也组成模拟控制系统	大型复杂的多点控制系统
通信功能	按需要自行配置	已备一个串行口，再多，另行配置	选用通用模板	产品已提供串行口	选用 RS - 232 通信模块	选取相应的模块
硬件制作工作量	多	稍少	少	少	很少	很少
程序语言	汇编语言为主	汇编和高级语言均可	汇编和高级语言均可	高级语言为主	梯形图编程为主	多种高级语言
软件工作开发量	很多	多	较多	较多	很少	较多
执行速度	快	很快	快	很快	稍慢	很快
输出带负载能力	差	较差	较强	较强	强	强
抗电干扰能力	较差	较差	好	好	很好	很好
可靠性	较差	较差	好	好	很好	很好
环境适应性	较差	差	较好	一般	很好	很好
应用场合	智能仪器，简单控制	实验室环境的信号采集及控制	一般工业现场控制	较大规模的工业现场控制	一般规模的工业现场控制	大规模的工业现场控制，可组成监控网络
价格	最低	较高	稍高	高	高	很高

二、可编程逻辑控制器技术

PLC 在工业自动化、生产线控制、机械设备控制等领域应用广泛。它的可编程性和可靠性使其成为现代工业控制的关键技术之一。PLC 的性能和功能会因不同的厂家和型号而有所差异，因此在选择和应用 PLC 时需要根据具体需求进行合适的选择和配置。

（一）PLC 技术基础

1. PLC 的分类

可编程逻辑控制器（PLC）可以根据其控制能力、应用领域的不同进行分类。以下是常见的 PLC 分类方式。

①根据控制能力分类

● 小型 PLC：适用于相对简单的控制任务，通常具有有限的输入/输出点和较低的处理能力。

● 中型 PLC：具有更多的输入/输出点和更高的处理能力，适用于中等复杂度的控制任务。

● 大型 PLC：适用于复杂的自动化控制系统，通常具有大量的输入/输出点和强大的处理能力。

②根据应用领域分类

● 工业 PLC：用于工业自动化和制造领域，例如生产线控制、设备控制、过程控制等。

● 建筑自动化 PLC：用于建筑管理系统，包括楼宇自动化、照明控制、暖通空调控制等。

● 农业 PLC：用于农业自动化系统，如灌溉控制、养殖控制等。

● 交通控制 PLC：用于交通信号灯控制、电动门控制、电梯控制等。

● 家庭自动化 PLC：用于家庭自动化系统，如智能家居控制、安防系统等。

③根据控制任务分类

● 逻辑控制 PLC：主要用于执行逻辑控制任务，例如门控制、灯光控制等。

● 过程控制 PLC：用于监测和控制连续过程，如化工厂、电厂等。

● 运动控制 PLC：用于控制机器人、CNC 数控机床和其他需要高精度运动控制的应用。

● 安全控制 PLC：专用于实现安全控制，如紧急停机、防止危险操作等。

④根据制造商分类

不同制造商生产的 PLC 产品具有不同的特点和性能，通常可以根据制造商的品牌来分类。

⑤根据通信接口分类

有些 PLC 具有各种通信接口，以便与其他设备、系统或网络进行连接。根据通信接口的类型可以进行分类，如以太网 PLC、Modbus 通信 PLC 等。

⑥根据控制方式分类

● 传统 PLC：基于梯形图等传统控制方式的 PLC。

● 工业 PC/IPC PLC：将工业 PC 或工控机用作 PLC 的控制核心，通常采用多种编程语言。

每种类型的 PLC 都有其适用的应用场景和需求，选择合适的 PLC 类型取决于具体的控制任务和系统要求。PLC 通常用于工业自动化领域，但也在其他领域中发挥重要作用，以提高控制和自动化水平。

2. PLC 的硬件组成

可编程逻辑控制器（PLC）的硬件组成通常包括以下主要组件和部分：

①中央处理器（CPU）：CPU 是 PLC 的大脑，负责执行控制程序和协调所有系统操作。它包括一个或多个微处理器和内存用于存储程序和数据。

②输入模块：输入模块用于接收来自外部传感器和开关的数字或模拟信号。输入模块将这些信号转换为数字形式，并传输给 CPU 进行处理。

③输出模块：输出模块用于将 CPU 生成的控制信号转换为电信号，以驱动执行器和其他外部设备。

④电源供应：PLC 系统需要电源供应以提供所需的电能。通常有不同的电压和功率供应选项，以满足不同应用的需求。

⑤编程设备：编程设备用于创建、编辑和上传 PLC 的控制程序，可以是专用的编程器或计算机上的编程软件。最常见的 PLC 编程语言包括梯形图、结构化文本、功能块图等。

⑥通信接口：通信接口用于与其他 PLC 系统、计算机或监控系统进行数据通信和联网。它可以支持不同的通信协议，如以太网、Modbus、Profibus 等。

⑦人机界面（HMI）：HMI 用于操作和监测 PLC 系统，包括触摸屏、显示器、键盘、按钮等。HMI 允许操作人员与系统交互，查看状态信息、报警和进行设置。

⑧时钟/计时器：PLC 通常包含内置的时钟和计时器功能，以进行时间相关的控制操作。这对于定时任务和时间触发的操作非常重要。

⑨存储设备：PLC 系统可能包括存储设备，用于存储控制程序、历史数据、日志文件等。存储设备可以是内部存储器、固态存储器或外部存储介质。

⑩安全模块：安全模块用于实施安全控制和监测，以确保系统的安全性。这些模块可以用于紧急停机、防止危险操作等安全功能。

⑪扩展模块：PLC 系统通常具有可扩展性，可以添加额外的输入和输出模块、通信模块、模拟模块等，以满足特定应用的需求。

总的来说，PLC 的硬件组成由于不同制造商和型号而有所差异，但上述组件通常都包含在一个标准的 PLC 系统中。这些组件一起工作，以实现自动化控制和监测任务。选择适当的 PLC 硬件取决于具体的应用需求和系统规模。

3. PLC 的工作原理

可编程逻辑控制器（PLC）的工作原理基于程序控制和逻辑运算，它执行预先编写的控制程序以实现自动化控制和监控。以下是 PLC 的工作原理。

①输入信号检测

PLC 系统从外部传感器、开关和其他输入设备接收数字或模拟信号。这些输入信号表示了系统中不同部分的状态或条件，如温度、压力、位置、开关状态等。

②信号处理

输入模块将接收到的信号转换为数字形式，并将其传送到 PLC 的中央处理器

（CPU）进行处理。

③控制程序执行

CPU 执行预先编写的控制程序，这些程序通常用编程语言（如梯形图、结构化文本等）编写。控制程序包括逻辑运算、条件判断、定时操作和控制指令，以实现所需的控制逻辑。

④逻辑运算

在控制程序中，CPU 进行逻辑运算，例如 AND、OR、NOT 等运算，以确定输出信号的状态。逻辑运算根据输入信号的状态和编程逻辑来确定输出信号的状态。

⑤输出信号生成

CPU 根据控制程序的结果生成输出信号，这些信号通常用于控制执行器、继电器、电磁阀等外部设备。输出信号可以是开关信号、模拟信号或脉冲信号，具体取决于控制要求。

⑥输出信号传输

输出信号经过输出模块的处理，传送到外部设备，以执行相应的操作，如启动电机、打开阀门、控制灯光等。

⑦循环执行

PLC 系统以循环方式执行控制程序，不断检测输入信号、执行逻辑运算和生成输出信号。这使 PLC 能够实时监测和控制系统的各个方面。

⑧监控和人机界面

PLC 系统通常与人机界面（HMI）集成，操作人员可以通过 HMI 监视系统状态、更改控制参数和处理报警。HMI 允许操作人员与 PLC 系统进行交互。

⑨故障检测和报警

PLC 系统通常具有故障检测功能，可以检测到硬件或软件故障，并生成相应的报警。这有助于及时发现和解决问题。

总的来说，PLC 的工作原理基于预先编写的控制程序和逻辑运算，通过检测输入信号并执行逻辑控制来生成输出信号，以实现自动化控制和监控。

4. PLC 的性能指标

可编程逻辑控制器（PLC）的性能指标通常反映了 PLC 的功能、性能和可靠性。以下是常见的 PLC 性能指标。

①处理能力

衡量 PLC 处理器的速度和计算能力，通常以每秒执行的指令数量（IPS）或微秒级的指令执行时间来表示。

②内存容量

指 PLC 用于存储控制程序和数据的内存容量。包括 RAM（随机存储器）和 ROM（只读存储器）容量。

③输入/输出点数

指 PLC 支持的数字输入和输出点的数量。这决定了 PLC 可以连接到多少传感器和执行器。

④通信接口

描述 PLC 支持的通信协议和接口类型，如以太网、RS-232、RS-485 等。通信接口的多样性允许 PLC 与其他设备和系统进行数据交换和联网。

⑤采样分辨率

适用于模拟输入的性能指标，表示 PLC 对模拟信号的精度和分辨率。通常以位数或比特数来表示。

⑥脉冲输出频率

适用于脉冲控制的 PLC，表示 PLC 每秒输出的脉冲数量。这与步进电机和伺服电机控制相关。

⑦响应时间

描述 PLC 对输入信号做出响应的时间，通常以毫秒或微秒为单位。较低的响应时间通常意味着更快的控制性能。

⑧抗干扰性

衡量 PLC 系统对电磁干扰和环境干扰的抵抗能力。PLC 通常需要具备较高的抗干扰性，以确保系统的可靠性。

⑨可编程性

描述 PLC 编程的灵活性和功能。支持的编程语言、功能块、程序组织方法等因素都影响了 PLC 的可编程性。

⑩可靠性

描述 PLC 系统的稳定性和可靠性，包括硬件和软件的稳定性，以及系统的故障检测和容错能力。

⑪工作温度范围

描述 PLC 能够正常工作的温度范围。在极端环境条件下，温度范围是一个重要的性能指标。

⑫电源要求

描述 PLC 的电源电压和电流要求，包括输入电压范围和电源稳定性要求。

⑬物理尺寸

描述 PLC 的物理尺寸和安装要求。这对于确定 PLC 是否适合特定的安装空间非常重要。

PLC 性能指标的选择取决于控制任务的复杂性、环境条件和预算等因素。

（二）PLC 编程技术

目前，PLC 在国际市场上已经是非常畅销的工业控制产品，采用 PLC 设计自动控制系统已成为世界潮流。PLC 的生产厂家和品种很多，其中著名的有美国的 AB 公司、GE 公司，德国的 SIEMENS 公司，法国的 TE 公司，日本的 OMRON、三菱、松下等公司。我国从 20 世纪 70 年代后期相继引进了 PLC 控制系统和生产线。进入 20 世纪 90 年代以来，PLC 的应用已渗透到国民经济的各行各业。

德国的西门子（SIEMENS）公司是欧洲最大的电子和电气设备制造商，于 20 世纪末推出了 S7 系列产品。最新的 SIMATIC 产品为 SIMATIC S7、M7 和 C7 等几大系列。

从某种意义上说，SIMATIC S7 系列代表了当前现代可编程逻辑控制器的方向。下面以 SIMATIC S7 – 200 为例来介绍 PLC 编程技术。

1. S7 – 200 PLC 内部资源

西门子 S7 – 200 PLC 是一款小型且经济实用的 PLC 产品，其内部资源包括以下主要组件和功能。

①CPU（中央处理器）

CPU 是 PLC 的核心部件，负责执行控制程序和处理输入输出信号。S7 – 200 系列 PLC 有不同型号的 CPU，具有不同的处理能力和内存容量。

②内存

S7 – 200 PLC 内置了 RAM（随机存储器）和 EPROM（可擦编程只读存储器）。RAM 用于存储运行时数据和程序，而 EPROM 用于存储用户程序和系统配置。

③输入/输出模块

S7 – 200 PLC 支持多种数字输入和输出模块，用于连接传感器、执行器和其他外部设备。这些模块提供了不同数量的输入和输出通道，可根据具体需求进行扩展。

④通信接口

S7 – 200 PLC 通常具有串行通信接口，如 RS – 232 和 RS – 485，用于与其他设备进行数据通信。一些型号还支持以太网通信。

⑤编程端口

用于连接计算机和 PLC 的编程端口，通常使用专用编程电缆和编程软件进行程序上传和下载。

⑥计时器和计数器

S7 – 200 PLC 内置了多个计时器和计数器，可用于执行定时和计数功能，以控制事件的发生和持续时间。

⑦模拟输入/输出（可选）

某些型号的 S7 – 200 PLC 支持模拟输入和模拟输出模块，用于处理模拟信号，如温度、压力和流量等。

⑧触摸键盘和显示屏（可选）

某些型号的 S7 – 200 PLC 具备触摸键盘和显示屏，可用于监视 PLC 的状态和配置参数，以及进行本地操作和调试。

⑨电源供应

S7 – 200 PLC 通常需要外部电源供应。供电电压和电流要求因具体型号而异。

2. S7 – 200 PLC 指令系统

S7 – 200 PLC 的指令系统包括各种指令，用于编写控制程序。以下是 S7 – 200 PLC 常见的指令类型和示例。

①输入/输出指令

- XIC（Examine if Closed）：检查输入元件是否闭合。示例：XIC I0.0
- XIO（Examine if Open）：检查输入元件是否断开。示例：XIO I0.1
- OTE（Output Energize）：使输出元件通电。示例：OTE Q0.2

②位逻辑指令

● AND（与门）：执行位与操作。示例：AND M0.0 M0.1

● OR（或门）：执行位或操作。示例：OR M0.2 M0.3

● XOR（异或门）：执行位异或操作。示例：XOR M0.4 M0.5

③比较指令

● EQU（Equal）：比较两个操作数是否相等。示例：EQU N7：0 N7：1

● NEQ（Not Equal）：比较两个操作数是否不相等。示例：NEQ N7：2 N7：3

● GT（Greater Than）：比较一个操作数是否大于另一个。示例：GT N7：4 N7：5

④数学指令

● ADD（加法）：将两个操作数相加。示例：ADD N7：6 N7：7 N7：8

● SUB（减法）：将一个操作数减去另一个。示例：SUB N7：9 N7：10 N7：11

● MUL（乘法）：将两个操作数相乘。示例：MUL N7：12 N7：13 N7：14

⑤定时器和计数器指令

● TON（定时器开）：用于创建定时器。示例：TON T4：0 DN 100

● TOF（定时器关）：用于关闭定时器。示例：TOF T4：1

● CTU（计数器上升）：用于创建上升沿计数器。示例：CTU C5：0 CU 1

● CTD（计数器下降）：用于创建下降沿计数器。示例：CTD C5：1 CD 2

⑥移位和旋转指令

● SHL（左移位）：将一个操作数左移指定位数。示例：SHL N7：0 3

● SHR（右移位）：将一个操作数右移指定位数。示例：SHR N7：1 2

● ROL（循环左移位）：执行循环左移位操作。示例：ROL N7：2 4

⑦控制指令

● JSR（Jump to Subroutine）：跳转到子例程。示例：JSR Subroutine1

● RET（Return）：从子例程返回。示例：RET

⑧数据处理指令

● MOV（Move）：将数据从一个操作数复制到另一个操作数。示例：MOV N7：0 N7：1

● COP（Compare）：比较两个操作数的数据。示例：COP N7：2 N7：3

⑨特殊功能指令

● MCR（Master Control Relay）：用于控制 PLC 的主控制继电器。示例：MCR 1

这些是 S7－200 PLC 的常见指令类型，用于编写控制程序。编程人员可以根据具体应用的要求，使用这些指令来创建逻辑控制程序，实现各种自动化和控制功能。PLC 编程语言通常是图形化的，类似于梯形图，使编写和理解控制逻辑变得更加直观和容易。

3. S7－200 PLC 编程基础

S7－200 PLC 编程基础涵盖了一系列概念和技能，以下是 S7－200 PLC 编程的基础知识。

①PLC 硬件配置

了解 S7 - 200 PLC 的型号和配置，包括 CPU 型号、输入/输出模块、通信接口等。确保 PLC 的硬件设置与应用需求相匹配。

②PLC 编程软件

安装并熟悉 S7 - 200 PLC 编程软件（通常是 Step 7 - Micro/WIN SMART）。这个软件用于创建、编辑和上传/下载 PLC 控制程序。

③PLC 编程语言

了解 PLC 编程语言。S7 - 200 PLC 通常使用梯形图作为主要编程语言。

④PLC 输入和输出

理解 PLC 的输入和输出，这些是与外部设备连接的接口。输入通常是传感器信号，而输出是执行器信号。了解如何将这些信号映射到 PLC 内部的逻辑元素（如位和字）。

⑤PLC 位操作

学会使用 PLC 的位操作指令，如 XIC、XIO 和 OTE。这些指令用于控制逻辑元素的状态。

⑥计时器和计数器

理解 PLC 中的计时器和计数器，学会创建和配置这些元素以实现定时和计数功能。了解 TON、TOF、CTU 和 CTD 等指令。

⑦数据处理

学会使用 PLC 指令来进行数据处理，包括 MOV、COP 和数学指令如 ADD、SUB、MUL 等。

⑧子例程和跳转

了解如何创建子例程（函数块）以组织和重用代码。学会使用 JSR 和 RET 等指令。

⑨调试和监视

使用编程软件的调试和监视工具来验证和调整 PLC 程序，包括在线模拟、在线监视、在线下载和上传等功能。

⑩文档和注释

创建清晰的注释和文档，以便他人能够理解和维护 PLC 程序。文档化是良好编程实践的一部分。

⑪实践和项目

最好的学习方法是实践。开始小规模的项目，逐步增加复杂性，以应用学到的 PLC 编程技能。

⑫学习资源

利用 PLC 制造商提供的培训文档、在线教程和示例程序，还可以考虑参加相关的培训课程或研讨会。

（三）PLC 技术应用

1. PLC 控制系统程序设计方法

在 PLC 控制系统的设计中，应在满足控制要求的前提下，力求 PLC 控制系统简单、经济、安全、可靠、操作和维修方便，而且应尽量降低运行的成本。

程序设计的方法是指用什么方法和编程语言来编写用户程序。

PLC 的工作过程是依据一连串的控制指令来进行的，这些控制指令就是我们常说的编程语言。PLC 的编程语言一般有梯形图、语句表、功能块图和计算机高级语言等。

程序设计方法较多，以下主要通过功能流程图来介绍 PLC 系统程序设计。

（1）功能流程图概述

①组成

a. 步。步是控制系统中的一个相对不变的性质，它对应于一个稳定的状态。在功能流程图中步通常表示某个执行元件的状态变化。步用矩形框表示，框中的数字是该步的编号，编号可以是该步对应的工步序号，也可以是与该步相对应的编程元件（如 PLC 内部通用辅助继电器等）。

初始步对应于控制系统的初始状态，是系统运行的起点。一个控制系统至少有一个初始步，初始步用双线框表示。

b. 有向线段和转移。

c. 动作说明。一个步表示控制过程中的稳定状态，它可以对应一个或多个动作。可以在步右边加一个矩形框，在框中用简明文字说明该步对应的动作。

②使用规则

a. 步与步不能直接相连，必须用转移分开。

b. 转移与转移不能直接相连，必须用步分开。

c. 步与转移、转移与步之间的连线采用有向线段，画功能图的顺序一般是从上向下或从左到右，正常顺序时可以省略箭头，否则必须加箭头。

d. 一个功能图至少应有一个初始步。

③结构形式

结构形式分为顺序结构、分支结构（选择性分支、并发性分支）、循坏结构、复合结构。循环结构用于一个顺序过程的多次或往复执行，这种结构可看作选择性分支结构的一种特殊情况。

（2）由功能流程图到程序

逻辑函数法。逻辑函数法包含三个步骤：通用辅助继电器的逻辑函数式、执行元件的逻辑函数式、由逻辑函数式画梯形图。

a. 通用辅助继电器的逻辑函数式。函数规则：除第一步外，每一步用一个通用辅助继电器（简称"继电器"）表示本步是否被执行，即步状态。

b. 执行元件的逻辑函数式。一般情况下，一个步对应一个动作，当功能流程图中有多个步对应同一个动作时，其输出可用这几个步对应的继电器"或"来表示。

c. 由逻辑函数式画梯形图。可由每个逻辑函数式中的与或逻辑关系，用串联或并联触点对应线圈的形式画出所有梯级的梯形图。

2. 应用举例

（1）系统描述

设计一个三工位旋转工作台（图3-1）。三个工位分别完成上料、钻孔和卸工件。

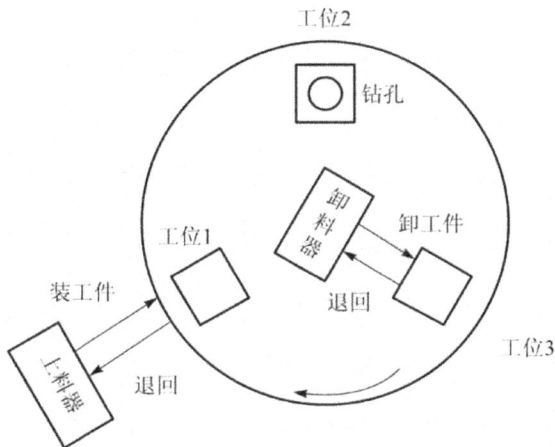

图3-1 三工位旋转工作台工作示意

①动作特性

工位1：上料器推进，料到位后退回等待。

工位2：将料夹紧后，钻头向下进给钻孔，下钻到位后退回，退回到位后，工件松开，放松完成后等待。

工位3：卸料器向前将加工完成的工件推出，推出到位后退回，退回到位后等待。

②控制要求。通过选择开关可实现自动运行、半自动运行和手动操作。

（2）制定控制方案

①用选择开关来决定控制系统的全自动、半自动运行和手动调整方式。

②手动调整采用按钮点动的控制方式。

③系统处于半自动工作方式时，每执行完成一个工作循环，用一个启动按钮来控制进入下一次循环。

④系统处于全自动运行方式时，可实现自动往复的循环执行。

⑤系统运动不太复杂，采用四台电动机。

⑥对于部分与顺序控制和工作循环过程无关的指令部件和控制部件，采用不进入PLC的方法以节省I/O点数。

⑦由于点数不多，所以用中小型PLC就可以实现。可用CPU 224与扩展模块，或用一台CPU 226。

（3）系统配置及输入输出对照表

表3-2（a）为输入信号对照表。表3-2（b）为输出信号对照表。

表 3-2 （a） 输入信号对照表

信号名称	外部元件	内部地址	信号名称	外部元件	内部地址
总停按钮	SB1	不进 PLC	钻头上升按钮	SB7	I1.1
主轴电动机启动停止	SA1	不进 PLC	卸料器推出按钮	SB8	I1.2
液压电动机启动停止	SA2	不进 PLC	卸料器退回按钮	SB9	I1.3
冷却电动机启动停止	SA3	不进 PLC	工作台旋转按钮	SB10	I1.4
手动运行选择	SA4-1	I0.0	送料器推进到位行程开关	SQ1	I1.5
半自动运行选择	SA4-2	I0.1	送料器退回到位行程开关	SQ2	I1.6
全自动运行选择	SA4-3	I0.2	钻头下钻到位行程开关	SQ3	I1.7
半自动运行按钮	SB1	I0.3	钻头上升到位行程开关	SQ4	I2.0
上料器推进按钮	SB2	I0.4	卸料器推出到位行程开关	SQ5	I2.1
上料器退回按钮	SB3	I0.5	卸料器退回到位行程开关	SQ6	I2.2
工件夹紧按钮	SB4	I0.6	工作台旋转到位行程开关	SQ7	I2.3
工件放松按钮	SB5	I0.7	工件夹紧完成压力继电器	SP1	I2.4
钻头下钻按钮	SB6	I1.0	工件放松完成压力继电器	SP2	I2.5

表 3-2 （b） 输出信号对照表

信号名称	元件	内部地址	信号名称	元件	内部地址
主轴电动机接触器	KM1	不进 PLC	工件夹紧电磁阀	YV3	Q0.2
液压电动机接触器	KM2	不进 PLC	工件放松电磁阀	YV4	Q0.3
冷却电动机接触器	KM3	不进 PLC	钻头下钻电磁阀	YV5	Q0.4
旋转电动机接触器	KM4	Q1.0	钻头退回电磁阀	YV6	Q0.5
上料器推进电磁阀	YV1	Q0.0	卸料器推出电磁阀	YV7	Q0.6
上料器退回电磁阀	YV2	Q0.1	卸料器退回电磁阀	YV8	Q0.7

（4） 设计主电路及 PLC 外部接线图

图 3-2 为 PLC 外部接线图，实际接线时，还应考虑到以下几个方面：

①应有电源输入线，通常为 220 V，50 Hz 交流电源，允许电源电压有一定的浮动范围，并且必须有保护装置，如熔断器等。

②输入和输出端子每 8 个为一组，共用一个 COM 端。

③输出端的线圈和电磁阀必须加保护电路。

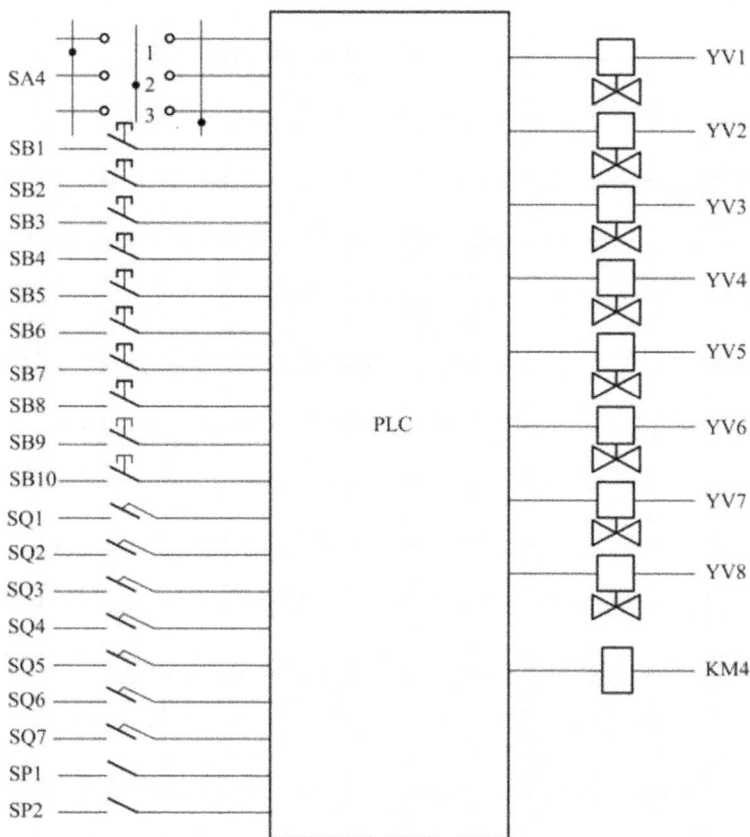

图 3-2 PLC 外部接线图

（5）建立步与继电器对照表（表 3-3）

表 3-3 步与继电器对照表

名称	编号	PLC 内部地址	名称	编号	PLC 内部地址
初始步	1	M0.0	向下钻孔	7	M0.6
自动半自动	2	M0.1	钻头上升	8	M0.7
送料	3	M0.2	工件放松	9	M1.0
送料器退回	4	M0.3	等待	10	M1.1
等待	5	M0.4	卸工件	11	M1.2
工件夹紧	6	M0.5	卸料器退回	12	M1.3

（6）写逻辑函数式

由本功能流程图写逻辑函数式时，采用关断优先规则。

（7）画梯形图

将所有函数式写出后，就可以很容易地用编程软件画出梯形图。梯形图完成后便可以将 PLC 与计算机连接，把程序及组态数据下载安装到 PLC 进行调试，程序无误后即可结合施工设计将系统用于实际。

第二节 接口技术

一、人机接口技术

人机接口（HMI）在机电一体化系统中起着至关重要的作用。它是操作者与系统之间的桥梁，负责实现信息传递和互动。

人机接口在机电一体化系统中是至关重要的组成部分，其设计应兼顾实时性、可靠性、安全性和用户友好性，以确保操作者能够有效地与系统进行互动和控制。

（一）输入接口技术

输入接口技术是人机接口（HMI）中的关键组成部分，它允许操作者向机电一体化系统输入控制命令和参数。以下是常见的输入接口技术。

①按钮和开关：按钮和开关是最基本的输入设备之一。它们可以是物理按钮或开关，也可以是触摸屏上的虚拟按钮。通过按下按钮或切换开关，操作者可以触发不同的控制操作。

②拨盘和旋钮：拨盘和旋钮可用于输入连续的参数值，如旋转调节器。它们通常用于调整数值，例如温度、速度或位置。

③键盘：键盘是一种常见的输入设备，允许操作者输入文本、数字和符号。在工业环境中，通常会使用特殊设计的工业键盘，以适应恶劣的工作条件。

④触摸屏：触摸屏技术允许操作者通过触摸屏幕上的图形元素来进行互动。其可以提供直观的图形界面，使用户能够轻松操作和控制系统。

⑤鼠标和指针设备：在一些工业和控制系统中，鼠标和指针设备（如触控笔）也用于输入。它们通常与计算机屏幕结合使用，以进行高级图形界面的操作。

⑥声音识别：声音识别技术允许操作者使用声音命令来控制系统。

⑦手势识别：一些现代 HMI 系统使用手势识别技术，允许操作者通过手势控制系统。这种技术常用于触摸屏或摄像头。

⑧扫描枪和条码扫描器：在一些物流和库存管理系统中，扫描枪和条码扫描器用于输入产品或物品的信息，以便跟踪和管理。

⑨虚拟现实（VR）和增强现实（AR）：VR 和 AR 技术可用于创建沉浸式的虚拟界面，操作者可以通过头戴式设备或 AR 眼镜与系统互动。

⑩生物识别：生物识别技术，如指纹识别、虹膜识别和人脸识别，可以用于身份验证和访问控制，也可作为输入接口。

这些输入接口技术可以根据应用的特定需求选择和集成，以提供最适合操作者的控制方式。在选择输入接口技术时，需要考虑操作的复杂性、环境条件、用户培训和安全性等因素。

（二）输出接口技术

从计算机输出的数据，要经过输出接口传输给输出设备，但在输出接口与实际的输出设备之间一般需要进行信号电平转换，并需要对输出数据的传输时序进行控制。输出接口是操作者对机电一体化系统进行检测的窗口，通过输出接口，系统向操作者显示自身的运行状态、关键参数及运行结果等，并进行故障报警。

下面对人机通道输出接口中最为常用的 LED 数码显示器接口技术做简要说明。

1. LED 数码显示器的工作原理

（1）LED 数码显示器的结构

LED（Light Emitting Diode）是发光二极管的缩写。LED 数码显示器应用非常普遍，从袖珍计算器到仪器仪表都用它，在单片机上的应用也很普遍。

通常所说的 LED 数码显示器由七个发光二极管组成，因此，也称为七段显示器。有共阴极和共阳极两种。此外，还有一个圆点型发光二极管，用以显示小数点。发光二极管点亮时，需要的电流为 2 ~ 20 mA，压降为 1.2 V，因而用 TTL 电路即可与它接口。

（2）LED 数码显示器的显示段码

为了显示字符，要为 LED 数码显示器提供显示段码（或称字形代码），可通过单片机接口使 LED 数码显示器某几段发亮来显示不同的数码，如除"g"段不亮其余六段全亮时，则为"0"字；七段全亮时，则为"8"字。七段发光二极管，再加上一个小数点位，共计 8 段，因此，LED 数码显示器的字形代码正好一个字节。各代码位的对应关系如表 3 – 4 所示。

表 3 – 4　各代码位的对应关系

段码位	D7	D6	D5	D4	D3	D2	D1	D0
显示段	dip	g	f	e	d	c	b	a

共阳极发光二极管，输入低电平点亮某段 LED，而共阴极发光二极管，输入高电平点亮。LED 字形编码表如表 3 – 5 所示。

表 3 – 5　LED 字形编码表

字形	共阳极段码	共阴极段码	字形	共阳极段码	共阴极段码
0	COH	3FH	9	90H	6FH
1	F9H	06H	A	88H	77H
2	A4H	5BM	B	83H	7CH
3	BOH	4FH	C	C6H	39H
4	99H	66H	D	A1H	5EH
5	92H	6DH	E	86H	79H
6	82H	7DH	F	84H	71H
7	F8H	07H	空白	FFH	00H
8	80H	7FH	P	8CH	73H

2. LED 数码显示器的接口及显示方法

LED 数码显示器是一种常见的输出设备，用于在数字形式下显示信息，如数字、字母、符号等。其通常用于显示数字数据，例如温度、计数器值、时间等。LED 数码显示器具有高亮度、低功耗和长寿命的特点，因此在各种领域中广泛使用。

LED 数码显示器的接口通常是数字输入接口，允许通过数字信号将要显示的数据发送到显示器。以下是 LED 数码显示器的常见接口和显示方法。

①通用并行接口：LED 数码显示器通常具有通用并行接口，其中每个数字显示段（通常为 7 个）都与控制器的输出引脚相连。通过设置每个引脚的电平状态，可以控制每个数字段的开启和关闭，以显示所需的数字或字符。

②串行接口：一些 LED 数码显示器支持串行接口，如 SPI 或 I2C 接口。这些接口可以通过少量的引脚实现高效的数据传输，从而减少了引脚数量。

③BCD 输入：BCD 输入是一种常见的数字输入方式。在 BCD 输入模式下，每个数字或字符由 4 位二进制代码表示，可以通过 BCD 编码器将数字转换为 LED 数码显示器可以识别的输入。

④显示方法：LED 数码显示器通常用于显示数字、字母和一些特殊符号。每个数字或字符都由 7 个段（a、b、c、d、e、f、g）组成，通过控制这些段的开关状态来显示。

⑤多位 LED 数码显示器：为了显示多位数字或字符，可以使用多位 LED 数码显示器，每个位都有自己的段。通常，每个位之间通过共阳极或共阴极连接到控制器，以便同时控制多个位。

⑥亮度控制：LED 数码显示器通常具有亮度控制功能，允许调整显示的亮度水平。这对于不同环境条件下的可视性和节能性非常重要。

LED 数码显示器是一种常见的数字输出设备，其接口通常为数字输入，显示方法基于控制每个段的开关状态。通过适当的控制和接口，可以实现各种数字、字符和符号的显示。

二、机电接口技术

机电接口是指机电一体化产品中的机械装置与控制计算机间的接口。按照信息的传递方向可以将机电接口分为信息采集接口（传感器接口）与控制量输出接口。控制计算机通过信息采集接口接收传感器输出信号，检测机械系统运动参数，经过运算处理后，发出有关控制信号，经过控制输出接口的匹配、转换、功率放大、驱动执行元件来调节机械系统的运行状态，使其按照要求动作。

（一）信息采集接口技术

1. 信息采集接口的任务与特点

信息采集接口是用于连接外部设备、传感器或数据源与计算机系统或控制系统之间的接口。其主要任务和特点如下。

任务：

①数据采集：信息采集接口的主要任务是从外部设备或传感器中采集数据。这些

数据包括温度、湿度、压力、速度、位置、电流、电压等。

②信号处理：采集到的信号可能需要进行处理，以满足系统的输入要求。信号处理包括模数转换、数字滤波、校准、放大或减小等操作。

③数据传输：采集到的数据通常需要传输到计算机或控制系统，以供进一步处理、分析或控制。

④实时监测：接口常用于实时监测外部设备、环境或过程的状态。这可以帮助及时检测到问题或异常，以采取必要的措施。

特点：

①多样性：信息采集接口需要适应各种不同类型的传感器和设备。因此，其通常具有多样性，包括不同的接口标准、电压范围、通信协议等。

②实时性：采集数据通常需要具备实时性，以确保及时监测和控制；延迟可能导致不良后果，特别是在控制系统中。

③精确性：信息采集接口通常需要提供高精度的数据采集和传输，特别是在科学、医疗或工业应用中。

④稳定性：信息采集接口必须稳定可靠，能够在各种环境条件下正常工作，包括抗干扰能力、温度稳定性、耐用性等方面的要求。

⑤灵活性：信息采集接口通常需要具备一定的灵活性，以适应不同应用场景。其可能需要配置不同的采样率、数据格式或通信协议。

⑥可扩展性：信息采集接口通常需要具备可扩展性，以便在需要时添加更多的传感器或设备。

信息采集接口在现代自动化、监测和控制系统中起着关键作用。其任务是获取、处理和传输来自外部的数据和信号，其特点包括多样性、实时性、精确性、稳定性、灵活性和可扩展性。这些特点使信息采集接口能够适应不同的应用需求，并提供可靠的数据采集和传输功能。

2. 信号采集通道中的 A/D 转换接口设计

信号采集通道中的 A/D 转换接口设计是信息采集系统中的关键组成部分，它用于将模拟信号转换为数字信号，以便计算机或控制系统进行处理和分析。以下是 A/D 转换接口设计的一般步骤和要点。

①选择合适的 A/D 转换器

根据应用需求选择合适的 A/D 转换器。考虑转换精度、采样速率、通道数量、电源电压范围等因素。

考虑信号的性质，例如，如果需要高精度的温度测量，可以选择专用的温度传感器和 A/D 转换器。

②电源供电

确保 A/D 转换器和信号采集电路获得稳定的电源供电。通常需要提供适当的电压和电流。

③模拟信号输入

提供合适的输入端口用于连接模拟信号源。考虑信号输入电阻、保护电路和滤波器等电路元件，以防止信号失真或损坏。

④参考电压

如果 A/D 转换器需要外部参考电压，请提供稳定的参考电压源，以确保精确的转换。

⑤采样时序

设计采样时序电路，确保采样速率和时序满足应用需求。时序错误可能导致数据失真。

⑥数字接口

连接 A/D 转换器到计算机或控制系统的数字接口，通常使用串行接口（如 SPI、I2C）或并行接口（如并行总线）。

⑦驱动电路

如果需要，提供适当的驱动电路来处理 A/D 转换器的输出信号，以确保其符合系统要求。

⑧校准和校验

进行 A/D 转换器的校准和校验，以确保准确性和稳定性，可以通过参考电压和已知输入信号进行。

⑨抗干扰和滤波

考虑系统中的抗干扰措施和滤波器，以降低电磁干扰或噪声的影响。

⑩驱动和软件支持

提供适当的驱动程序和软件支持，以便计算机或控制系统能够读取和处理 A/D 转换器的数据。

⑪性能测试

在实际应用中对 A/D 转换接口进行性能测试，确保其满足设计要求。

⑫故障排除

提供故障排除功能，以便在出现问题时能够诊断和修复 A/D 转换接口的故障。

综上所述，A/D 转换接口设计涉及多个关键步骤，需要考虑信号特性、电源供电、时序、数字接口、校准、抗干扰、软件支持等因素。正确设计 A/D 转换接口可以确保准确的数据采集和可靠的系统性能。

（二）控制量输出接口技术

1. 控制输出接口的任务与特点

控制输出接口是信息采集和控制系统中的关键组成部分，其任务是将数字信号或控制命令从计算机或控制系统传输到外部设备、执行器或其他目标，以实现对外部系统的控制和操作。以下是控制输出接口的任务和特点。

任务：

①控制外部设备：主要任务之一是控制外部设备、执行器或工作机构的操作，包括打开或关闭阀门、启动或停止电动机、控制灯光或显示器的状态等。

②传输数字信号：控制输出接口负责将数字信号从计算机或控制系统传输到外部设备。这些信号通常用于指示和控制目的。

③实现控制策略：根据系统的控制策略，控制输出接口可以发送不同的控制命令，以满足特定的操作要求，包括反馈控制、开环控制等。

④协调多个设备：在复杂的系统中，控制输出接口可能需要协调多个外部设备的操作，以实现协同工作和自动化过程。

⑤实时响应：控制输出接口通常需要实时响应控制系统的指令，以确保及时的操作和反馈。

特点：

①可编程性：控制输出接口通常是可编程的，可以根据应用需求配置和修改控制逻辑。这使系统具有灵活性和适应性。

②多通道支持：接口可能需要支持多个通道，以控制多个外部设备或执行多个操作。

③电流和电压兼容性：控制输出接口需要与外部设备的电流和电压要求兼容，以确保安全操作。

④保护和隔离：为了防止电气干扰和保护计算机或控制系统，控制输出接口通常具有保护和隔离电路。

⑤可靠性和稳定性：控制输出接口需要具有高可靠性和稳定性，以确保长时间的稳定操作。

⑥反馈机制：一些控制输出接口具有反馈机制，可以监测外部设备的状态，并提供实时反馈。

⑦通信接口：控制输出接口通常需要支持不同的通信接口，如数字接口、模拟接口、网络通信等。

⑧安全性：在某些应用中，安全性是关键因素。控制输出接口可能需要具备安全功能，以确保操作人员和设备的安全。

控制输出接口在信息采集和控制系统中起着关键作用，其任务是将数字信号和控制命令传输到外部设备以实现控制和操作。其特点包括可编程性、多通道支持、电流和电压兼容性、保护和隔离、可靠性和稳定性、反馈机制、通信接口和安全性。正确设计和配置控制输出接口可以确保系统的正常运行和控制。

2. 控制量输出接口中的 D/A 转换接口设计

单片机模拟通道中的输出通道（也叫后向通道），用于输出控制系统需要的驱动控制信号。

通常用 D/A 转换作为输出，一般也不需要光电隔离驱动，但有特殊需要，就要加光电耦合；另外一种方法是用脉冲宽度调制输出（PWM）经低通滤波器输出，作为 D/A 转换，这种结构在很多单片机中都有，对于控制来说是很方便的。

（1）D/A 转换器概述

①权电阻网络 D/A 转换原理。与我们所熟悉的十进制数一样，在一个多位二进制数码中，每一位的"1"代表不同的权。从最高位到最低位的权顺次为 $2^{n-1}, \cdots, 2^1, 2^0$。D/A 转换器就是将每一位代码按"权"的分配进行模拟。具体地说，某一位二进制是"0"就不予理睬，某一位二进制是"1"就按该位的权的大小分配给一定的电压值。这

里基准电压源是必不可少的。分配给一定电压往往是用不同电阻实现的。有了权电阻网络和基准电压，再加上电子开关就能组成最简单的 D/A 转换器。

在权电阻网络中，每个电阻的阻值和对应的权成反比，电子开关 S3 ~ S0 受输入代码 d3 ~ d0 控制。即 d = "0"，则开关接地；d = "1"，则开关接到基准电压上（也称参考电压）。

根据模拟电子技术知识，可知

$$V_{\text{OUT}} = -\frac{V_{\text{REF}}}{2^4}[\, d3 \times 2^3 + d2 \times 2^2 + d1 \times 2^1 + d0 \times 2^0 \,]$$

这个电路并不实用，原因是各电阻相差太大，不宜集成。但这个电路给出了权电阻网络实现 D/A 转换的基本思想，实用电路原理都是以此为依据制作的。

②T 形电阻网络 D/A 转换器。这种电阻网络也称 R - 2R 网络，其特点是每经过一个节点，其分压系数都是 1/2，输出为

$$V_{\text{OUT}} = -\frac{V_{\text{REF}}}{2^4}[\, d3 \times 2^3 + d2 \times 2^2 + d1 \times 2^1 + d0 \times 2^0 \,]$$

（2）典型 D/A 转换器芯片——DAC0832

实用的 D/A 转换器都是单片集成电路，它是典型的数字电路、模拟电路混合集成在单个芯片上，如 DAC0830 ~ DAC0832 是美国国家半导体公司推出的 8 位 D/A 芯片。

DAC0832 是 8 位 D/A 芯片，采用 20 引脚双列直插封装，它可以直接与 Z80、8085 等 CPU 连接。

DAC0832 主要由两个 8 位寄存器和一个 8 位 D/A 转换器组成。使用两个寄存器的优点是可以进行两次缓冲操作，使该器件的应用有更大的灵活性。8 位 D/A 转换器是一个倒 T 形网络的 D/A，并且在引脚 9 和 11 之间接有反馈电阻，D/A 转换器的 8 个数字量输入端可控制电子开关。

（3）DAC0832 与单片机接口

①只用单缓冲器的连接。如果在运算放大器反馈电阻上又串联一电位器，则可微调其比例系数。

②用两个缓冲器。这样做的好处是在需要同时输出多个模拟量时，可分别把多个数字量输出到各自的 DAC0832 的第一缓冲器中，但不做 D/A 转换，然后用一条指令打开多个 DAC0832 的第二缓冲器，这样，多个 D/A 转换的模拟量将同时送出，这可用于同步控制。

第四章　数控机床与传感器技术

第一节　数控机床

一、数控机床的基本知识

下面简单介绍数控技术的概念及数控机床的特点和发展概况。

（一）数控技术的概念

数控技术是一种通过计算机或专用数控装置来自动控制机械设备、工具或工序的技术。它在制造业、加工业和其他领域中得到广泛应用。以下是关于数控技术的重要内容。

①数控机床：数控机床是数控技术的一个典型应用领域。它包括数控车床、数控铣床、数控钻床等，通过预先编程的指令，控制工具在工件上进行精确的加工操作。数控机床可以提高加工精度、生产效率和自动化水平。

②数控编程：数控编程是将加工工序和路径以编程方式输入数控机床的过程。通常使用 G 代码和 M 代码来描述工具的移动、旋转和加工操作。数控编程需要熟悉机床的工作原理和编程语言。

③数控控制器：数控控制器是用于执行数控编程的设备，通常包括计算机、控制卡和运动控制器。它们协同工作以控制机床的运动和操作。

④CAD/CAM 技术：计算机辅助设计（CAD）和计算机辅助制造（CAM）技术与数控技术密切相关。CAD 用于设计产品的数字模型，而 CAM 用于生成数控编程以实现产品的制造。

⑤精确性和重复性：数控技术可以实现高精度的加工，允许制造复杂的零件和产品。数控机床的精确性和重复性使产品的质量得到提高。

⑥自动化和生产效率：数控技术可以实现自动化生产，减少了人工干预，提高了生产效率。它可以连续运行，并在短时间内完成大量工作。

⑦灵活性和多样性：数控编程允许快速更改加工过程，以适应不同的工件和需求。这提供了生产多样化产品的灵活性。

⑧监控和追踪：数控技术可以实时监控加工过程，并记录加工数据，有助于质量控制和工艺优化。

⑨成本效益：虽然数控设备的初始投资较高，但长期使用能够节省成本，因为它

们提供了较高的生产效率和较低的废品率。

⑩应用领域：数控技术不仅在制造业中应用广泛，还在航空航天、医疗设备制造、汽车制造、造船业、雕刻和艺术制作等领域有重要应用。

数控技术是一种关键的制造和加工技术，它利用计算机控制机械设备和工具，以实现高精度、高效率和自动化的生产过程。这项技术在现代工业和制造业中发挥着重要作用，并在不断发展和演进。

（二）数控机床的特点

数控机床具有许多特点，这些特点使其在制造和加工领域中得到广泛应用。以下是数控机床的主要特点。

①高精度：数控机床能够实现极高的加工精度，通常在数十微米到几微米。这使它们适用于制造高精度的零件和产品。

②高重复性：数控机床具有出色的重复性，可以在多次加工中保持一致的精度和质量。这对于批量生产和大规模制造至关重要。

③自动化：数控机床是自动化制造的关键组成部分。它们可以连续运行，减少了人工干预的需求，提高了生产效率。

④灵活性：数控编程允许快速更改加工过程，以适应不同的工件和生产需求，能够更加灵活地生产多样化产品。

⑤高效率：数控机床能够在短时间内完成大量工作，提高了生产效率。它们通常可以实现高速切割和高速加工。

⑥监控和追踪：数控技术可以实时监控加工过程，记录加工数据，有助于质量控制和工艺优化。操作员可以随时了解加工状态。

⑦减少废品率：由于高精度和重复性，数控机床可以降低废品率，减少了材料浪费和成本。

⑧加工多材料：数控机床可以加工各种材料，包括金属、塑料、木材和复合材料，适用于多种行业。

⑨定制化生产：数控编程允许根据客户的要求和设计规格定制生产。这对于定制化产品制造非常有用。

⑩快速设定和准备：数控机床通常具有快速的工件装夹和工具更换系统，减少了停机时间和准备时间。

⑪节能和环保：与传统机床相比，数控机床通常能够更加有效地利用能源，并减少废物产生，减轻了环境影响。

⑫远程监控和维护：一些数控机床具有远程监控和维护功能，可以通过网络远程访问和诊断，提高了设备的可用性和维护效率。

数控机床具有高精度、高重复性、自动化、灵活性、高效率、监控和追踪等一系列特点，成为现代制造和加工领域中不可或缺的关键技术。它们能够提高生产效率、降低成本、改善产品质量，并支持定制化和灵活化生产。

（三）数控机床的发展概况

数控机床是现代制造业中的重要设备，经历了多年的发展和演进。以下是数控机床的发展概况：

①起源和早期阶段：数控机床的概念首次出现在20世纪40年代末。早期的数控系统使用电子管和继电器来实现控制，编程和操作相对复杂。

②转向集成电路：20世纪60—70年代，随着集成电路技术的发展，数控机床开始采用半导体元件，从而提高了可靠性和性能。这一时期还出现了更先进的数控编程语言和控制系统。

③微处理器时代：20世纪80—90年代，微处理器技术的应用使数控机床更加智能化和灵活化。计算机在数控编程和控制方面发挥了重要作用，使数控机床更容易操作和编程。

④高速加工和多轴控制：进入21世纪，数控机床继续发展，实现了更高的加工速度和更复杂的多轴控制。高速加工和多轴控制使数控机床适用于更广泛的应用领域，包括航空航天、汽车制造和医疗设备制造。

⑤智能化和互联网：未来，数控机床将继续朝着智能化和互联网化方向发展。人工智能、物联网和大数据技术将用于提高机床的自动化程度和生产效率。远程监控和维护也将成为重要趋势，以确保设备的可用性和可维护性。

总之，数控机床的发展经历了多个阶段，从早期的电子管和继电器控制到现代的微处理器和智能化系统。这些技术的不断进步使数控机床在制造和加工领域中发挥了越来越重要的作用，并在提高生产效率、降低成本和改善产品质量方面发挥了关键作用。未来，数控机床有望继续演进，适应新的制造趋势和需求。

二、数控机床的工作原理和分类

（一）数控机床的组成和工作原理

数控机床是一种通过计算机控制来执行精确切削和加工操作的机械设备。它的组成和工作原理如下。

组成：

①主机（机床本体）：主机是数控机床的核心部件，包括机床床身、工作台、刀架、主轴和进给装置。它们构成了机床的基本结构，用于支撑工件并执行切削操作。

②数控系统：数控机床的大脑是数控系统，它通常由计算机和控制器组成。计算机用于运行数控编程和控制软件，而控制器负责解释编程指令并控制机床的各个部件。

③输入设备：用于输入数控程序和参数的设备，如键盘、鼠标、触摸屏等。

④输出设备：用于显示机床状态、加工结果和报警信息的设备，如显示屏、指示灯等。

⑤工具库：用于存放各种刀具和工具，可根据加工需求自动更换。

⑥冷却液系统：用于冷却和润滑刀具和工件的系统，以减少热量和摩擦，提高切削效率和工件质量。

⑦夹具和工作台：用于夹持和支撑工件，以便进行切削和加工操作。

工作原理：

①数控编程：首先，操作员使用数控编程软件创建加工程序。这个程序包括切削

路径、切削速度、进给速度、刀具选择等信息。

②程序传输：完成编程后，程序通过输入设备（如 USB、以太网等）传输到数控系统。

③数控系统解释：数控系统解释编程指令，将其转换为机床可以理解的信号。这些信号控制机床各个部件的运动。

④切削操作：机床根据数控系统的指令，控制主轴和刀具的运动，进行切削和加工操作。数控系统控制主轴的转速、刀具的进给速度和方向，以实现所需的切削操作。

⑤实时监控：数控系统可以实时监控切削过程，包括刀具状态、工件位置和加工进度。如果出现问题，系统可以发出警报并采取措施。

⑥冷却和润滑：冷却液系统提供冷却和润滑，以确保刀具和工件在切削过程中不过热，同时减少摩擦和切削力。

⑦加工完成：一旦加工完成，机床会停止运动，并且可以将工件取出进行检查和下一步处理。

总的来说，数控机床通过数控编程和计算机控制，精确控制刀具和工件的运动，以进行高精度和高效率的切削和加工操作。数控机床的工作原理使其适用于各种制造和加工应用，包括金属加工、木材加工、塑料加工等。

（二）数控机床的分类

1. 按数控机床的加工功能分类

数控机床可以根据其加工功能和用途的不同进行分类。以下是按照加工功能分类的一些数控机床类型。

①数控铣床：主要用于平面、曲面和复杂零件的铣削加工，可进行切削、钻孔、镗孔和螺纹加工等。

②数控车床：用于回转工件的加工，如轴、轴套、螺杆、螺纹等。可进行车削、镗孔、螺纹加工等。

③数控磨床：用于精密磨削工件，可进行平面磨削、圆柱磨削、内外圆磨削等。

④数控钻床：主要用于孔加工，包括钻孔、攻丝、镗孔等操作。

⑤数控电火花放电加工机：用于高精度工件的制造，通过电火花放电去除材料。

⑥数控激光切割机：使用激光束进行切割和雕刻，适用于金属、塑料、木材等材料的加工。

⑦数控冲床：用于金属板材的冲孔、剪切和弯曲操作。

⑧数控组合机床：集成了多种加工功能，适用于复杂零件的一次性加工，包括铣削、钻孔、镗孔、螺纹等。

⑨数控车铣复合机床：结合了车床和铣床的功能，可完成旋转和平面加工。

⑩数控车削中心：专用于车削加工，具有多轴控制和自动换刀功能。

2. 按所用进给伺服系统的不同分类

根据数控机床所使用的进给伺服系统的不同，可以将数控机床分为以下几种类型。

①位置伺服控制：这种类型的数控机床使用位置伺服系统来控制工具或工件的位置。它们适用于需要高精度定位和轮廓加工的任务，如铣床、车床和电火花放电机。

②速度伺服控制：这些数控机床使用速度伺服系统来控制工具或工件的运动速度。它们通常用于需要精确的速度调整和加工的任务，如数控磨床。

③力/扭矩伺服控制：这种类型的数控机床使用力或扭矩伺服系统来控制切削力或加工工件的扭矩。它们适用于需要对切削过程进行力或扭矩控制的任务，如数控铣床和数控钻床。

④压力伺服控制：这些数控机床使用压力伺服系统来控制加工过程中的压力。它们通常用于需要对工件施加特定压力的任务，如数控冲床。

⑤力矩伺服控制：这种类型的数控机床使用力矩伺服系统来控制工具或工件的扭矩。它们适用于需要精确控制扭矩的任务，如数控车床。

这些分类基于数控机床所采用的进给伺服系统。不同的伺服控制方式适用于不同的加工需求和工艺要求。

三、数控机床的程序编制

（一）编程的基本概念

编程是指编写计算机程序的过程，它是将问题或任务转化为计算机可以理解和执行的一系列指令的过程。以下是编程的一些基本概念。

①算法：算法是解决问题或执行任务的一系列有序步骤或指令。它描述了如何输入数据产生期望的输出结果。

②编程语言：编程语言是一种人与计算机之间进行通信的工具。它定义了编写程序时可以使用的语法和语义规则。常见的编程语言包括 Python、Java、C++、JavaScript 等。

③源代码：源代码是编写程序的文本文件，其中包含了程序的具体指令和逻辑。程序员使用编程语言编写源代码。

④编译：编译是将源代码翻译成计算机可以执行的机器代码或中间代码的过程。编译器是执行这一任务的工具。

⑤解释：解释是将源代码逐行执行的过程，不会生成独立的可执行文件。解释型语言的程序在运行时逐行解释。

⑥调试：调试是查找和修复程序中的错误或问题的过程。程序员使用调试工具和技术来诊断和解决问题。

⑦变量：变量是用来存储数据值的容器。变量可以在程序中被创建、赋值、修改和使用。

⑧数据类型：数据类型定义了变量可以存储的数据种类和范围。常见的数据类型包括整数、浮点数、字符串、布尔值等。

⑨条件语句：条件语句允许程序根据特定条件执行不同的代码块。常见的条件语句包括 if 语句和 switch 语句。

⑩循环：循环是重复执行一组指令的结构，直到满足特定条件为止。常见的循环结构包括 for 循环、while 循环和 do – while 循环。

⑪函数：函数是一段可重复使用的代码块，可以接受输入参数并返回结果。函数

使程序模块化和可维护。

⑫库：库是预先编写好的函数和模块的集合，可供程序员在自己的程序中使用。库提供了常用功能的实现，以减少代码重复。

⑬面向对象编程：面向对象编程是一种编程范式，将数据和操作封装在对象中，以实现代码的重用和组织。

这些基本概念构成了编程的核心要素，无论是初学者还是有经验的程序员，都需要理解和掌握它们以进行有效的编程。

（二）数控标准及代码

数控标准和代码是用于定义数控机床操作和编程的一套规范和约定。不同的数控机床制造商和使用者可能会遵循不同的标准和代码，但有一些通用的标准和代码，以确保数控编程的一致性和可移植性。

以下是一些常见的数控标准和代码。

①ISO 6983（G 代码）：ISO 6983 标准定义了一套通用的 G 代码，用于描述数控机床上的各种运动和操作，如移动、切削、孔加工等。不同的 G 代码代表不同的操作。

②ISO 14649：这是一种新一代的数控标准，旨在提供更高级别的控制和编程能力。它支持更灵活的加工策略和更高级的功能。

③ISO 6983 – 2（M 代码）：ISO 6983 – 2 标准定义了一套通用的 M 代码，用于控制数控机床上的辅助功能，如冷却液、刀具更换、夹紧装置等。

④Fanuc 编程：Fanuc 是一个著名的数控机床制造商，其数控编程语言使用一套特定的 G 代码和 M 代码，如 G00（快速定位）和 M03（主轴正转）。

⑤Siemens 编程：Siemens 是一家知名的数控机床制造商，其数控编程语言使用一套特定的 G 代码和 M 代码，如 G01（线性插补）和 M06（刀具更换）。

⑥HAAS 编程：HAAS 是一家数控机床制造商，其数控编程语言使用一套特定的 G 代码和 M 代码，如 G94（每分钟进给率）和 M08（冷却液打开）。

这些标准和代码通常由数控机床制造商或控制系统提供商提供，以帮助程序员编写数控程序。不同的数控系统可能有不同的语法和约定，因此程序员需要根据所使用的具体系统来编写和调试程序。

（三）常用编程指令

在数控机床加工程序中使用的编程指令主要有两大类：准备功能 G 指令和辅助功能 M 指令。

1. 准备功能 G 指令

（1）绝对尺寸和增量尺寸指令——G90、G91

G90、G91 分别用于指定绝对坐标尺寸和增量坐标尺寸。这是一对模态（续效）指令。在一个程序中可同时出现绝对尺寸编程和相对尺寸编程。

（2）预置寄存指令——G92

当使用绝对尺寸编程时，需确定工件坐标系与机床坐标系之间的位置关系。

指令格式：G92 X—Y；

其中：X、Y——刀具的起始点在工件坐标系中的位置。

注：G92 并不使机床产生运动，只是记录坐标设定值。

（3）平面选择指令——G17、G18、G19

坐标平面选择指令用于选择机床的加工平面，G17、G18、G19 分别用于指定 XOY、ZOX、YOZ 平面。

若数控机床只有在一个平面内加工的功能，则程序中可将其省略。如数控车床加工时，默认为 ZOX 平面。

（4）快速点定位指令——G00

指令刀具从所在位置以机床事先设定好的最快速度移动到程序中指定的定位点。该指令只能使刀具快速到达目标点，而运动的轨迹根据不同的数控系统而不同。在三坐标数控机床上，如果三个坐标都有位移量，则三个伺服电动机同时按设定的速度驱动刀架移动，当某一个坐标到达终点时，该电动机停止运转，其余两个电动机继续带动刀架移动至另一个坐标到达终点，该电动机停止运转，最后一个电动机运行至第三个坐标到达终点。这种单方向趋进的方法有利于提高定位精度。可见，G00 指令的运动轨迹不是一条直线，而是几段线段的组合。只有在特殊的情况下，运动轨迹才是一条直线。忽略了这一点，就有可能发生机床部件的碰撞。

指令格式：G00 X—Y—Z—；

其中：X、Y、Z——刀具下一个定位点的坐标。

（5）直线插补指令——G01

指令刀具按程序中指定的速度从直线的起点移动到直线的终点，用于加工任意的平面直线和空间直线。

指令格式：G01 X—Y—Z—F—；

其中：X、Y、Z——直线终点的坐标；

F—刀具的进给速度。

（6）圆弧插补指令——G02

指令刀具按程序中指令的速度插补平面圆弧。

指令格式有以下两种：

$$\text{用圆心坐标编程：}\begin{Bmatrix}G17\\G18\\G19\end{Bmatrix}\begin{Bmatrix}G02\\G03\end{Bmatrix}\begin{Bmatrix}X{-}Y{-}\\X{-}Z{-}\\Y{-}Z{-}\end{Bmatrix}\begin{Bmatrix}I{-}J{-}\\I{-}K{-}\\J{-}K{-}\end{Bmatrix}F{-}\text{；}$$

$$\text{用圆弧半径编程：}\begin{Bmatrix}G17\\G18\\G19\end{Bmatrix}\begin{Bmatrix}G02\\G03\end{Bmatrix}\begin{Bmatrix}X{-}Y{-}\\X{-}Z{-}\\Y{-}Z{-}\end{Bmatrix}R{-}F{-}\text{；}$$

其中：G02——顺时针圆弧插补；

G03——逆时针圆弧插补；

X、Y、Z——圆弧的终点坐标；

I、J、K——从圆弧起点向圆心所作矢量在 X、Y、Z 坐标轴上的投影；

R——圆弧半径，当圆弧的圆心角≤180°时，R用正值；当圆心角＞180°时，R用负值；

F——刀具的进给速度。

（7）刀具半径补偿指令——G41、G42、G40

当使用圆形刀具铣削工件时，利用刀具半径补偿功能，只需按照工件轮廓编程，不必计算刀具中心轨迹。现代数控机床大多具有刀具半径补偿功能。

指令格式：G41（G42）D××—；

其中：G41——刀具补偿的左偏指令（简称"左刀补"），即观察者顺着刀具前进方向看，刀具在工件轮廓的左边；

G42——刀具补偿的右偏指令（简称"右刀补"），即观察者顺着刀具前进方向看，刀具在工件轮廓的右边；

G40——撤销刀补；

D××——内存地址。

2. 辅助功能 M 指令

（1）程序结束——M02

该指令出现在程序的最后一个程序段中，表示零件加工完成，机床的所有运动停止并复位。

（2）主轴控制指令——M03、M04、M05

M03、M04、M05分别用于控制主轴的正转、反转和停止。M03（M04）和M05需成对使用。

（3）切削液控制指令——M08、M09

M08、M09分别用于切削液的打开和关闭。M08和M09需成对使用。

四、插补原理

（一）概述

插补原理是数控编程和数控机床运动控制的关键概念之一。它涉及在数控机床上实现复杂的曲线和轮廓加工，而不仅仅是直线或圆弧的切削。插补的主要目标是控制数控机床的多个轴，使工具沿着所需的路径进行精确的运动。

以下是插补原理的概述。

①插补定义：插补是指在数控机床上根据给定的轨迹或路径，通过同时控制多个轴的运动，以实现复杂的形状或轮廓加工。插补通常包括直线插补和圆弧插补。

②坐标系：在插补中，需要定义一个坐标系，用于描述工件上的位置和方向。通常使用绝对坐标系或增量坐标系，具体取决于编程和控制需求。

③插补算法：插补算法是确定每个轴的位置和速度，以确保工具按照所需的轨迹运动的数学方法。不同的数控系统使用不同的插补算法，包括线性插补、圆弧插补和高级插补算法等。

④速度规划：插补过程中需要考虑速度规划，以确保机床在运动过程中不会超过其最大速度和加速度限制。速度规划可以是线性的，也可以是曲线的，以满足加工

要求。

⑤数控编程：插补需要在数控编程中进行定义。程序员需要编写数学表达式或使用特定的 G 代码和 M 代码，以描述工具的轨迹和运动方式。

⑥机床控制：插补由数控机床的控制系统执行。控制系统计算每个轴的位置和速度，并发送相应的指令以驱动电机和伺服系统，从而实现精确的运动。

插补原理是数控加工的关键，它使数控机床能够实现高精度、高效率和复杂形状的加工。程序员需要具备插补的编程技能，以充分利用数控机床。

（二）基准脉冲法插补

1. 逐点比较法

逐点比较法插补的基本原理是每次仅向一个坐标轴输出一个进给脉冲，每走一步都要通过偏差计算，判断刀具的瞬时点与理想轨迹之间的位置关系，从而决定刀具下一步的进给方向。逐点比较法插补的特点是运算简单、速度均匀、调节方便、插补误差较小（不大于一个脉冲当量），可用于直线、圆弧和其他曲线的插补。

（1）逐点比较法插补直线

①基本原理

a. 偏差判别

逐点比较法插补直线原理如图 4 - 1 所示，对于 I 象限的直线 OE，直线起点 $O(0,0)$，终点 $E(x_e,y_e)$，刀具的瞬时动点 $P(x_i,y_i)$ 与直线之间的位置关系有以下三种情况：

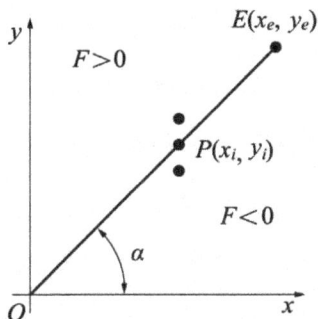

图 4 - 1　逐点比较法插补直线原理

P 点在直线 OE 上，则

$$\frac{y_i}{x_i} = \frac{y_e}{x_e}$$

即

$$x_e y_i - x_i y_e = 0$$

P 点在直线 OE 上方，则

$$\frac{y_i}{x_i} > \frac{y_e}{x_e}$$

即

$$x_e y_i - x_i y_e > 0$$

P 点在直线 OE 下方，则

$$\frac{y_i}{x_i} < \frac{y_e}{x_e}$$

即

$$x_e y_i - x_i y_e < 0$$

b. 取判别式

$$F_i = x_e y_i - x_i y_e \qquad (4-1)$$

当 $F_i \geqslant 0$ 时，动点在直线上方（或直线上），控制刀具向 $+X$ 方向前进一步，以靠近理想直线并逐步趋近直线终点。同理，当 $F_i < 0$ 时，动点在直线下方，控制刀具向 $+Y$ 方向前进一步。

这样，刀具从直线的起点 O 开始，每走一步，计算一次偏差值 F_i，根据偏差值的符号决定刀具的下一步走向，直到终点 E 为止。

c. 改进判别式

上述判别式不仅有减法运算，还有乘法运算，运算速度会受到影响。因此，通常采用"递推法"。

若 $F_i \geqslant 0$，刀具向 $+X$ 方向前进一步，到达新点的偏差为

$$\begin{aligned} F_{i+1} &= x_e y_i - (x_i + 1) y_e \\ &= x_e y_i - x_i y_e - y_e \\ &= F_i - y_e \end{aligned} \qquad (4-2)$$

若 $F_i < 0$，刀具向 $+Y$ 方向前进一步，到达新点的偏差为

$$\begin{aligned} F_{i+1} &= x_e (y_i + 1) - x_i y_e \\ &= x_e y_i + x_e - x_i y_e \\ &= F_i + x_e \end{aligned} \qquad (4-3)$$

因此，新点的偏差值完全可以用前一个点的偏差递推出来。这样，简化了计算，提高了运算速度。

d. 插补步骤

逐点比较法插补分为以下四个步骤：

判别——根据偏差值，判别刀具相对于理想直线的位置；

进给——根据判别的结果，决定刀具的进给方向；

计算——用"递推法"，计算新点的偏差值；

比较——终点判断，若未到终点，插补继续进行；若已到终点，则插补结束。

e. 终点判别

很明显，刀具从直线的起点到终点需完成的插补步数为 $x_e + y_e$。因此，可设置一个终点计数器，寄存直线终点的坐标值之和 E。每进给一次，E 值减 1，直至为 0，即到达

直线终点，插补结束。

$$E = x_e + y_e \tag{4-4}$$

②举例

用逐点比较法插补 I 象限的直线 OE，起点 $O(0,0)$，终点 $E(5,3)$，写出插补过程并绘出插补轨迹。

解：终点判别值为 $E = 5 + 3 = 8$。

逐点比较法插补直线过程如表 4-1 所示。

表 4-1 逐点比较法插补直线过程

序号	工作节拍			
	判别	进给	计算	比较
1	$F_{00} = 0$	$+\Delta x$	$F_{10} = F_{00} - y_e = 0 - 3 = -3$ $E = 8 - 1 = 7$	$E \ne 0$ 插补继续
2	$F_{10} = -3 < 0$	$+\Delta y$	$F_{11} = F_{10} + x_e = -3 + 5 = 2$ $E = 7 - 1 = 6$	$E \ne 0$ 插补继续
3	$F_{11} = 2 > 0$	$+\Delta x$	$F_{21} = F_{11} - y_e = 2 - 3 = -1$ $E = 6 - 1 = 5$	$E \ne 0$ 插补继续
4	$F_{21} = -1 < 0$	$+\Delta y$	$F_{22} = F_{21} + x_e = -1 + 5 = 4$ $E = 5 - 1 = 4$	$E \ne 0$ 插补继续
5	$F_{22} = 4 > 0$	$+\Delta x$	$F_{32} = F_{22} - y_e = 4 - 3 = 1$ $E = 4 - 1 = 3$	$E \ne 0$ 插补继续
6	$F_{32} = 1 > 0$	$+\Delta x$	$F_{42} = F_{32} - y_e = 1 - 3 = -2$ $E = 3 - 1 = 2$	$E \ne 0$ 插补继续
7	$F_{42} = -2 < 0$	$+\Delta y$	$F_{43} = F_{42} + x_e = -2 + 5 = 3$ $E = 2 - 1 = 1$	$E \ne 0$ 插补继续
8	$F_{43} = 3 > 0$	$+\Delta x$	$F_{53} = F_{43} - y_e = 3 - 3 = 0$ $E = 1 - 1 = 0$	$E = 0$ 插补停止

（2）逐点比较法插补圆弧

①基本原理

a. 偏差判别

逐点比较法插补圆弧原理如图 4-2 所示，对于 I 象限的逆圆弧 AB，圆弧起点 $A(x_A, y_A)$，终点 $B(x_B, y_B)$，圆心 $O(0,0)$，刀具的瞬时动点 $P(x_i, y_i)$ 与理想圆弧之间的位置关系有以下三种情况：

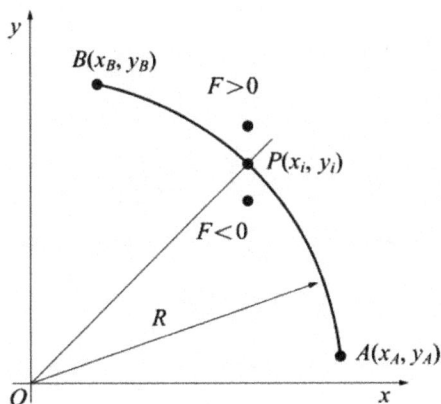

图 4-2 逐点比较法插补圆弧原理

P 点在圆弧 AB 上，则

$$(x_i^2 + y_i^2) = (x_A^2 + y_i^2)，即 (x_i^2 + y_i^2) - (x_A^2 + y_A^2) = 0$$

P 点在圆弧 AB 上方，则

$$(x_i^2 + y_i^2) > (x_A^2 + y_A^2)，即 (x_i^2 + y_i^2) - (x_A^2 + y_A^2) > 0$$

P 点在圆弧 AB 下方，则

$$(x_i^2 + y_i^2) < (x_A^2 + y_A^2)，即 (x_i^2 + y_i^2) - (x_A^2 + y_A^2) < 0$$

b. 取判别式

$$F_i = (x_i^2 + y_i^2) - (x_A^2 + y_A^2) \tag{4-5}$$

当 $F_i \geqslant 0$ 时，动点在理想圆弧的外侧（或圆弧上），控制刀具向 $-X$ 方向前进一步，以靠近理想圆弧并逐步趋近圆弧终点。同理，当 $F_i < 0$ 时，动点在圆弧内侧，控制刀具向 $+Y$ 方向前进一步。

c. 改进判别式

上述判别式表达式中包含多个平方运算，影响了运算速度。因此，仍采用"递推法"。

若：$F_i \geqslant 0$，刀具向 $-X$ 方向前进一步，新点的偏差为

$$\begin{aligned} F_{i+1} &= \left[(x_i - 1)^2 - x_A^2 \right] + (y_i^2 - y_A^2) \\ &= x_i^2 - 2x_i + 1 - x_A^2 + y_i^2 - y_A^2 \\ &= F_i - 2x_i + 1 \end{aligned} \tag{4-6}$$

若：$F_i < 0$，刀具向 $+Y$ 方向前进一步，新点的偏差为

$$\begin{aligned} F_{i+1} &= (x_i^2 - x_A^2) + \left[(y_i + 1)^2 - y_A^2 \right] \\ &= x_i^2 - x_A^2 + y_i^2 + 2y_i + 1 - y_A^2 \\ &= F_i + 2y_i + 1 \end{aligned} \tag{4-7}$$

因此，与直线插补类似，新点的偏差可用前一点的偏差及动点的坐标值递推出来，使计算过程大大简化。

d. 插补步骤

与直线插补时相同。

e. 终点判别

圆弧插补的终点判别与直线插补时类似。设置一个计数器，寄存圆弧起点和终点两个坐标差值的和 E，每插补一步，E 值减 1，直至为 0，即到达圆弧终点，插补结束。

$$E = |x_B - x_A| + |y_B - y_A| \tag{4-8}$$

②举例

用逐点比较法插补 I 象限的逆圆弧 AB，起点 $A(4, 3)$，终点 $B(0, 5)$，写出其插补过程并绘出插补轨迹。

解：终点判别值为 $E = |0 - 4| + |5 - 3| = 4 + 2 = 6$。

逐点比较法插补圆弧过程如表 4-2 所示。

表 4 – 2 逐点比较法插补圆弧过程

| 序号 | 工作节拍 | | | |
	判别	进给	计算	比较
1	$F_{43} = 0$	$-\Delta x$	$F_{33} = F_{43} - 2x_i + 1 = 0 - 2 \times 4 + 1 = -7$ $E = 6 - 1 = 5$	$E \neq 0$ 插补继续
2	$F_{33} = -7 < 0$	$+\Delta y$	$F_{34} = F_{33} + 2y_i + 1 = -7 + 2 \times 3 + 1 = 0$ $E = 5 - 1 = 4$	$E \neq 0$ 插补继续
3	$F_{34} = 0$	$-\Delta x$	$F_{24} = F_{34} - 2x_i + 1 = 0 - 2 \times 3 + 1 = -5$ $E = 4 - 1 = 3$	$E \neq 0$ 插补继续
4	$F_{24} = -5 < 0$	$+\Delta y$	$F_{25} = F_{24} + 2y_i + 1 = -5 + 2 \times 4 + 1 = 4$ $E = 3 - 1 = 2$	$E \neq 0$ 插补继续
5	$F_{25} = 4 > 0$	$-\Delta x$	$F_{15} = F_{25} - 2x_i + 1 = 4 - 2 \times 2 + 1 = 1$ $E = 2 - 1 = 1$	$E \neq 0$ 插补继续
6	$F_{15} = 1 > 0$	$-\Delta x$	$F_{05} = F_{15} - 2x_i + 1 = 1 - 2 \times 1 + 1 = 0$ $E = 1 - 1 = 0$	$E = 0$ 插补停止

2. 数字积分法

数字积分法又称 DDA（Digital Differential Analyzer）法，其最大优点是易于实现坐标的扩展，每个坐标是一个模块，几个相同的模块组合就可以实现多坐标联动控制。同时，DDA 法插补运算速度快、脉冲分配均匀，易于实现各种曲线（特别是多坐标空间曲线）的插补，因此应用广泛。

（1）DDA 法插补直线

①插补原理

数字积分法插补直线原理如图 4 – 3 所示，对于 I 象限的直线 OE，直线起点 $O(0, 0)$，终点 $E(x_e, y_e)$，进给速度为 v。

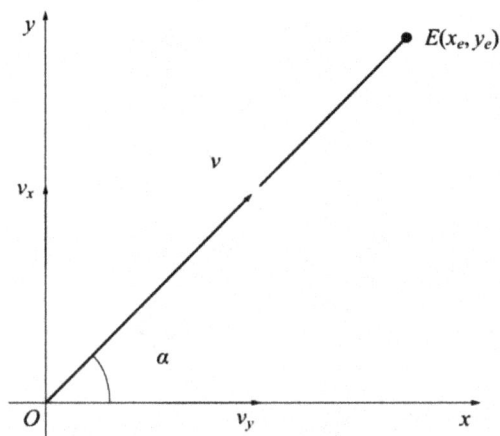

图 4 – 3 数字积分法插补直线原理

假设刀具的进给速度在两个坐标轴上的分速度分别为 v_x, v_y，则在一个微小的时间间限 Δt 内，刀具在两个坐标轴上的微小位移量 Δx 和 Δy 为

$$\begin{cases} \Delta x = v_x \Delta t \\ \Delta y = v_y \Delta t \end{cases}$$

令

$$\frac{v_x}{x_e} = \frac{v_y}{y_e} = k$$

则有

$$\begin{cases} \Delta x = v_x \Delta t = kx_e \Delta t \\ \Delta y = v_y \Delta t = ky_e \Delta t \end{cases} \tag{4-9}$$

可见，刀具从直线起点 O 向终点 E 插补的过程可以看成是每经过一个时间间隔 Δt，两个坐标轴分别以增量 kx_e 和 ky_e 同时累加的结果。

据此，二维直线的插补器可由两个结构相同的积分器构成。每个积分器包含两个容量相同的寄存器，一个是被积函数寄存器，用于寄存被积函数；另一个是余数寄存器，用于寄存被积函数累加结果的余数。

当积分指令到来时，将被积函数寄存器中的被积函数与余数寄存器中的余数相加，相加的结果仍放在余数寄存器中。当余数寄存器中的数值超过其容量时，寄存器的高位即有溢出，将其作为信号输出给伺服系统，步进电动机即转过一个步距角，机床部件即移动一个脉冲当量。两个积分器同时工作，直至刀具到达直线终点，插补结束。

②终点判别

假设刀具从直线起点插补到终点需经过 m 次累加，即

$$\begin{cases} x = \sum_{i=1}^{m} \Delta x_i = \sum_{i=1}^{m} kx_e \Delta t \\ y = \sum_{i=1}^{m} \Delta y_i = \sum_{i=1}^{m} ky_e \Delta t \end{cases}$$

取 Δt 为一个单位时间间隔"1"，则上式为

$$\begin{cases} x = \sum_{i=1}^{m} kx_e \Delta t = \sum_{i=1}^{m} kx_e = mkx_e \\ y = \sum_{i=1}^{m} ky_e \Delta t = \sum_{i=1}^{m} ky_e = mky_e \end{cases}$$

现假设经过 m 次累加后刀具即到直线终点 E，则有

$$nk = mk = 1$$

为保证各坐标轴上每次的进给脉冲不超过一个单位，则

$$\begin{cases} \Delta x = kx_e < 1 \\ \Delta y = ky_e < 1 \end{cases}$$

假设寄存器的位数为 n，则其最大的容量为 $2^n - 1$，所以有下式成立：

$$k(2^n - 1) < 1$$

即

$$k < \frac{1}{2^n - 1}$$

取

$$k = \frac{1}{2^n}$$

则：

$$m = \frac{1}{k} = 2^n \tag{4-10}$$

即刀具从直线起点到达直线终点需经过 2 次累加。

（2）DDA 法插补圆弧

①插补原理

数字积分法插补圆弧原理如图 4-4 所示，对于 I 象限的逆圆弧 AB，圆弧起点 $A(x_A, y_A)$，终点 $B(x_B, y_B)$，圆心 $O(0,0)$，圆弧半径 R，刀具的瞬时动点 $P(x_i, y_i)$，进给速度 v。

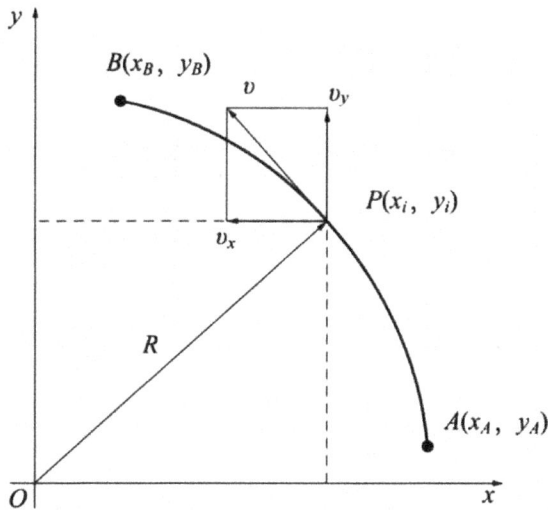

图 4-4　数字积分法插补圆弧原理

假设刀具的进给速度在两个坐标轴上的分速度分别为 v_x, v_y，则在一个微小的时间间隔 Δt，刀具在两个坐标轴上的微小位移量 Δx 和 Δy 为

$$\begin{cases} \Delta x = v_x \Delta t \\ \Delta y = v_y \Delta t \end{cases}$$

令

$$\frac{v_x}{y_i} = \frac{v_y}{x_i} = k$$

则有

$$\begin{cases} \Delta x = v_x \Delta t = k y_i \Delta t \\ \Delta y = v_y \Delta t = k x_i \Delta t \end{cases} \tag{4-11}$$

可见，刀具从圆弧起点 A 向终点 B 插补的过程可以看成是每经过一个时间间隔 Δt，两个坐标轴分别以增量 $k y_i$ 和 $k x_i$ 同时累加的结果。

据此，平面圆弧的插补器可由两个结构相同的积分器构成。每个积分器包含两个容量相同的寄存器，一个是被积函数寄存器，用于寄存被积函数；另一个是余数寄存器，用于寄存被积函数累加结果的余数。

当积分指令到来时，将被积函数寄存器中的被积函数与余数寄存器中的余数相加，相加的结果仍放在余数寄存器中。当余数寄存器中的数值超过其容量时，寄存器的高位即有溢出，将其作为信号输出给伺服系统，步进电动机即转过一个步距角，机床部件即移动一个脉冲当量，两个积分器同时工作，直至插补至圆弧终点。

②终点判别

设置两个寄存器，分别寄存圆弧起点和终点的坐标差。当积分器有溢出时，相应的寄存器数值减1，直至为0，该坐标到达终点，该积分器停止运算。当两积分器均停止运算时，圆弧插补结束。

③不同象限圆弧插补

前面介绍的插补原理与计算公式仅适用于Ⅰ象限逆圆弧的插补。对于不同象限、不同插补方向的圆弧插补共分为8种情况，其计算公式不同，进给方向也不同（表4-3）。

表4-3　数字积分法插补圆弧进给方向

插补方向	顺圆				逆圆			
象限	Ⅰ	Ⅱ	Ⅲ	Ⅳ	Ⅰ	Ⅱ	Ⅲ	Ⅳ
Δx	+	+	−	−	−	−	+	+
Δy	−	+	+	−	+	−	−	+

第二节　传感器技术

传感器在机电一体化系统中扮演着关键的角色，因为它们将各种不同的非电信号转换为计算机可识别的电信号，从而实现了自动控制和监测。这些传感器类型各自适用于不同的应用领域，它们的准确性和可靠性对于机电一体化系统的性能至关重要。传感器的选择和配置需要根据具体的应用需求和系统设计来确定，以确保系统能够稳定、精确地执行任务。

在数控机床或自动化生产装置中常对某可动部件的动作位置进行检测定位，要求判断运动部件是否到达（或处在）固定不变的位置，或者判断是否有工件存在等。此时检测结果一般不需要是确定量，只需提供"是"或"否"两种信号，用开关"通"与"断"两种形式判断其位置或状态，提供这类检测的传感器称为开关类传感器，行程开关、接近开关、光电开关、霍尔开关等就属此类，是一种能根据运动部件的位置输出信号的"检测开关"。

随着微电子技术的迅速发展，各类开关类传感器以其接线简单、价格合理、使用寿命长、定位精度高等优点，正在取代传统的电器开关，在自动化生产中得到了日益广泛的应用。

一、认识开关类传感器

（一）开关类传感器的类型

开关类传感器有多种类型，它们根据检测原理和工作方式的不同而分为不同的类别。以下是一些常见的开关类传感器。

①行程开关：行程开关用于检测机械部件的运动极限位置。它们通常在机械装置的极限位置上安装，并在运动部件达到这些位置时触发。

②接近开关：接近开关使用电磁感应、电容感应或光电原理来检测物体的接近。它们可以检测物体的存在、距离或位置。

③光电开关：光电开关使用光束的遮挡或反射来检测物体的位置或存在。它们分为透射型和反射型两种。

④霍尔开关：霍尔开关基于霍尔效应，用于检测磁场的变化。它们通常用于检测旋转部件的位置、速度和方向。

⑤电流传感开关：电流传感开关用于检测电路中的电流，以确定设备是否在运行或是否出现故障。

⑥温度开关：温度开关根据温度的变化来触发。它们通常用于温度监测和控制。

⑦压力开关：压力开关用于检测液体或气体的压力变化。它们在液压系统和气动系统中广泛应用。

⑧液位开关：液位开关用于检测液体或固体颗粒的液位。它们在油箱、储液罐和池塘等应用中常见。

这些开关类传感器的选择取决于具体的应用需求和检测任务。每种类型的传感器都有其特定的优点和局限性，需要根据实际情况进行选择和配置。

（二）接近开关接线训练

1. 训练目标

（1）认识和熟悉各类不同的接近开关。

（2）能够使用万用表检测接近开关的触点好坏。

（3）能够根据使用说明完成接近开关的外部接线。

2. 训练设备

万用表、直流电源（输出可调）、交流电源 220 V、各类不同接近开关若干（最好有输出触点损坏的开关 1~2 支，并且有不同接线方式）、不同电压等级的信号灯、24 V 直流继电器、电工工具、导线若干。

3. 训练步骤

第一，根据有关接近开关的基本知识，识别各类开关。将开关分类，看看本组共有哪些不同的开关。

第二，根据不同类型的接近开关，查找有关说明材料，并将不同类型接近开关的技术参数填入表 4-4 中。

第三，使用万用表初步检测接近开关的质量好坏。根据接近开关的输出类型，用万用表初步检测接近开关的质量情况，根据检测结果，判断接近开关的指令好坏，将接近开关检测情况记录在表4-5中。

第四，用接近开关组成不同的电路。对于质量完好的开关，根据其技术参数指标，自己设计信号控制电路及继电器控制电路。

（1）信号控制电路

①根据具体的产品接线图，自己设计出应用三线制接近开关完成信号报警的控制电路图。

注意：一定要查阅训练使用的传感器的额定电流是否大于所用负载的启动电流，工作电压是否一致。

②完成电路的设计后，经指导教师检查合格后，方可进行实际电路的接线，并通过实际检测，观察电路是否能够完成设计的功能。

（2）继电器控制电路

①设计用接近开关控制直流继电器的线圈，用继电器的动合触点控制信号灯。

②完成电路的设计并经检查正确后，可进行实际接线，在接线正确的前提下检测电路的工作情况。

表4-4　不同类型接近开关的技术参数

序号	开关类型	规格型号	接线方式	输出类型	工作电流	工作电压	开关频率
1							
2							
3							
4							
5							

表4-5　接近开关检测情况记录

序号	开关类型	输出类型	检测情况	情况分析	判断结果
1					
2					
3					
4					

二、磁性物体位置检测

（一）霍尔开关

霍尔开关是一种基于霍尔效应工作的传感器，用于检测磁场的变化。霍尔效应是指当导体或半导体中的电流受到外部磁场的作用时，会在导体中产生电势差（电压）的现象。这个电势差通常是正比于外部磁场的强度的，这使霍尔开关可以用来检测磁场的存在、强度和方向。

以下是一些关于霍尔开关的基本认识。

①工作原理：霍尔开关的工作原理基于霍尔效应。当磁场作用于霍尔开关内部的霍尔元件时，霍尔元件会产生电势差。根据霍尔元件的类型，这个电势差可以是正或负的，通常与外部磁场的极性有关。

②应用：霍尔开关广泛应用于检测磁场的存在和方向。它可以在许多领域中应用，包括电子、汽车工业、工业自动化、计算机硬盘驱动器、电子锁、游戏手柄等。

③优点：霍尔开关具有灵敏度高、响应速度快、寿命长、不受污染和振动的影响、低功耗等优点。它可以在恶劣的环境条件下工作。

④类型：霍尔开关有多种类型，包括线性霍尔开关和角度霍尔开关。线性霍尔开关用于测量线性位移，而角度霍尔开关用于测量角度变化。

⑤应用示例：在汽车中使用霍尔开关来检测刹车踏板的位置，以触发刹车灯的点亮；在电子设备中使用霍尔开关来检测盖子的开合状态，以触发设备的开关或休眠模式。

总的来说，霍尔开关是一种非常有用的传感器，可用于检测磁场变化，具有广泛的应用领域。由于其可靠性和稳定性，霍尔开关在现代工业和消费电子中扮演着重要的角色。

（二）干簧管接近开关

干簧管接近开关，也称为磁簧开关，是一种常见的接近开关。它的工作原理基于簧片的物理特性和磁性原理。以下是关于干簧管接近开关的基本认识。

①工作原理：干簧管接近开关包括一个玻璃管和一个簧片。簧片通常是由弹性材料制成的，其中包含一小段可导磁的金属。当簧片处于非接近状态时，它保持弯曲状态，导磁金属远离玻璃管内的一对触点。当有外部磁场接近干簧管时，导磁金属被吸引到触点附近，使触点闭合，从而产生电路的导通。

②应用：干簧管接近开关常用于检测物体的接近或离开。它适用于许多应用领域，如安全门控制、电子锁、磁性传感器、计数器、安全系统等。其具有工作原理简单、可靠性高、寿命长、抗污染性能好等特点，因而被广泛采用。

③特点：干簧管接近开关的特点包括快速的响应时间、低功耗、高精度、长寿命、不受振动和污染的影响、可靠的开关操作等。

④工作距离：干簧管接近开关的工作距离（也称为动作距离）通常受外部磁场的强度和方向影响。增加外部磁场的强度可以增加开关的工作距离。因此，在设计应用时，需要考虑所需的工作距离和外部磁场条件。

总的来说，干簧管接近开关是一种简单而可靠的接近开关，常用于各种控制和检测应用中。由于其优点，如高可靠性、长寿命和精确性，它在自动化和电子领域中得到广泛应用。

（三）磁性物体位置检测训练

要进行磁性物体位置检测，通常需要使用磁性传感器，如霍尔开关、磁簧开关或磁性编码器等。以下是进行磁性物体位置检测的一般步骤。

①准备材料和设备：首先，准备所需的材料和设备，包括磁性物体（通常是一个

永久磁体）、磁性传感器、电路板、连接线、计算机或微控制器等。

②选择合适的传感器：根据应用需求选择合适的磁性传感器。霍尔开关通常用于检测磁场的强度和方向，而磁簧开关可以用于检测磁性物体的接近或离开。

③连接传感器：将选定的传感器连接到电路板上。根据传感器型号和制造商的说明书，正确连接传感器的电线。

④固定传感器和磁性物体：将传感器和磁性物体安装在需要检测的位置上。确保磁性物体的位置可以改变，以模拟实际应用中的位置变化。

⑤电源供应：为传感器提供适当的电源供应。根据传感器的工作电压要求，连接电源。

⑥数据采集和处理：使用适当的电路和电子设备来采集传感器输出的数据。这可能涉及模数转换器来将传感器输出转换为数字信号。

⑦位置检测算法：开发或使用合适的算法来分析传感器数据以确定磁性物体的位置。这可能涉及阈值检测、滤波、数据处理和校准等步骤。

⑧测试和验证：对系统进行测试和验证，确保磁性物体位置检测的准确性和稳定性。在不同位置和条件下进行测试以验证系统的性能。

⑨优化和调整：根据测试结果对系统进行优化和调整，以确保满足应用的要求。

⑩集成和部署：将完整的磁性物体位置检测系统集成到实际应用中，确保系统能够稳定运行并满足应用需求。

具体的磁性物体位置检测方法和步骤可能因应用的不同而有所变化。在实际项目中，可能需要根据具体情况进行定制和调整。

三、金属物体近距离位置检测

（一）电感式接近开关

电感式接近开关是一种用于检测金属物体接近或离开的传感器，它利用电感的原理工作。以下是电感式接近开关的一些基本特点和工作原理。

①工作原理：电感式接近开关的工作原理基于电感的变化。当金属物体靠近电感式接近开关时，金属物体会改变电感线圈周围的磁场。这个磁场变化会导致线圈中的感应电流发生变化，从而触发开关动作。

②非接触性：与机械式开关不同，电感式接近开关是一种非接触式的传感器，它不需要物理接触就可以检测金属物体的位置。这使它在一些特殊应用中非常有用，例如在脏污环境中或需要高速运动检测时。

③金属物体检测：电感式接近开关主要用于检测金属物体的位置和存在。由于金属对电磁场的影响，这种传感器对于金属材料的检测非常敏感。

④工作距离：电感式接近开关的工作距离取决于传感器的设计和材料，通常在几毫米到几厘米。不同型号的电感式接近开关具有不同的工作距离。

⑤应用领域：电感式接近开关在工业自动化和控制系统中广泛应用。它用于检测机器零件的位置、检测传送带上的物体、检测液体水平、控制自动门和闸口，以及在各种自动化设备中进行物体定位等。

⑥稳定性和可靠性：电感式接近开关通常具有较高的稳定性和可靠性，因为它没有机械运动部件，不容易受到物理磨损的影响。

⑦输出信号：电感式接近开关的输出信号可以是数字信号（通常是开/关状态），也可以是模拟信号，具体取决于传感器型号和应用需求。

总的来说，电感式接近开关是一种在工业自动化中常见的传感器，它通过检测金属物体的接近或离开来实现自动控制和位置检测。由于其具有非接触性、稳定性和可靠性，它在各种工业应用中发挥着重要作用。

（二）电感式接近开关应用训练

1. 训练目标

（1）熟悉电感式接近开关的主要技术指标。

（2）掌握电感式接近开关的外部接线。

（3）用接近开关作为 PLC 的输入信号，实现 PLC 对交流电动机单方向运行的控制。

2. 训练设备

万用表、直流电源（输出可调）、交流电源 220 V、电感式接近开关（不同接线方式）、PLC 控制装置一套、三相异步电动机、信号灯、蜂鸣器、24 V 直流继电器、电工工具、导线若干。

3. 训练步骤

在电动机正常运行时，当被检测物体接近接近开关时，接近开关触点动作，发出控制信号，电动机停止运转。

（1）观察电感式接近开关的外部结构，阅读有关说明材料，熟悉接近开关的主要技术指标，并将主要技术指标填入表 4-6 中。

（2）根据控制要求编写 PLC 控制 I/O 分配表，并将其填入表 4-7 中。

（3）编写 PLC 程序，并下载到 PLC。

（4）完成 PLC 控制电动机主电路的接线。

（5）完成 PLC 外部接线。

（6）完成电路的接线后，按下启动按钮，使电动机正常运转，然后将被检测材料逐渐接近接近开关，直至开关动作，PLC 控制电动机，电动机停止转动。

表 4-6　电感式接近开关的主要技术指标记录

序号	规格型号	接线方式	输出类型	工作电流	工作电压
1					
2					
3					

表 4 – 7 **PLC 控制 I/O 分配表**

PLC 输入端	外部设备	功能	PLC 输出端	外部设备	功能
	SB0	启动按钮		KM	运行控制接触器
	SB1	停止按钮			
	SQ	接近开关			

四、其他物体位置检测

（一）光电接近开关

光电接近开关是一种常用于检测物体接近或离开的传感器，它通过光束的中断或反射来检测物体的位置或状态。以下是关于光电接近开关的基本认识。

工作原理：

光电接近开关通常由发光器和接收器两部分组成。发光器产生一个光束，通常是红外光线，然后光束被接收器接收。当有物体进入光束路径并阻挡了光线时，接收器会检测到光束的中断，从而触发开关状态的改变。如果没有物体阻挡光束，接收器将保持开关处于另一种状态。

类型：

光电接近开关有不同的类型，包括：

①光电对射式接近开关：发光器和接收器位于开关的两侧，物体进入两者之间的光束路径时触发开关。

②光电反射式接近开关：发光器和接收器位于同一侧，光束从发光器射向一个反射面，然后反射回接收器。当物体靠近反射面时，光束被阻挡，触发开关。

③光电透射式接近开关：发光器和接收器位于相对的两侧，物体进入光束路径时阻挡光线，触发开关。

应用：

光电接近开关广泛应用于自动化控制系统中，用于检测物体的位置、存在、计数和速度等信息。它常见于流水线上的物料检测、门的自动开关、印刷机的纸张定位、电梯门的安全控制等领域。

特点：

①非接触式检测：光电接近开关不需要直接接触物体，因此不会引起摩擦或磨损。
②高精度：具有较高的检测精度和稳定性。
③快速响应：能够在毫秒级别内快速响应物体的变化。
④长寿命：因为没有机械部件，通常具有较长的使用寿命。

光电接近开关是一种重要的自动化控制元件，具有广泛的应用领域，可用于各种物体检测和位置控制任务。

（二）电容式接近开关

电容式接近开关是一种传感器，用于检测物体的接近或离开，以及物体的位置。

它基于电容效应工作，通过测量物体与传感器之间的电容变化来确定物体的状态。以下是关于电容式接近开关的基本认识。

工作原理：

电容式接近开关通过感测物体与传感器之间的电容变化来工作。当没有物体靠近传感器时，电容是最小的，传感器会保持在断开状态。当物体靠近传感器时，物体与传感器之间的电容增加，导致传感器触发，并改变其输出状态。这种改变通常用于控制设备或系统的操作。

应用：

电容式接近开关广泛应用于自动化系统中，用于检测物体的位置、存在、距离等信息。它常见于以下应用场景：

- 机械装置中的物体检测和定位。
- 电子设备中的触摸屏和按钮控制。
- 自动门和电梯中的手势识别和安全控制。
- 工业自动化中的材料检测和装配线控制。

特点：

- 非接触式检测：电容式接近开关不需要直接接触物体，因此不会引起摩擦或磨损。
- 高灵敏度：它可以检测到微小的电容变化，因此具有高灵敏度。
- 可调性：一些电容式接近开关具有灵活的调节功能，可以适应不同的应用场景。
- 适用范围广：可以用于检测多种类型的材料，包括金属和非金属。

总之，电容式接近开关是一种重要的传感器，适用于各种自动化和控制应用，可以帮助实现物体的非接触检测和位置控制。

（三）光电和电容式接近开关应用训练

1. 训练目标

（1）熟悉光电和电容式接近开关的主要技术指标。

（2）掌握光电和电容式接近开关的外部接线。

（3）用接近开关作为 PLC 的输入信号，实现 PLC 对交流电动机的运行控制。

2. 训练设备

万用表、直流电源（输出可调）、交流电源 220 V、光电开关、电容式接近开关（不同接线方式）、PLC 控制装置一套、三相异步电动机、信号灯、蜂鸣器、24 V 直流继电器、电工工具、导线若干。

3. 训练步骤

在一个模拟的运输传送带上，当光电开关检测到有物体时，电动机运行，将货物运送到相应位置；当电容式接近开关检测到物体时，电动机停止运行，并发出控制信号使气动装置发出动作，将检测物搬运到另一条流水线。

（1）观察光电、电容式接近开关的外部结构，阅读有关说明材料，熟悉接近开关的主要技术指标，并将主要技术指标填入表 4－8 中。

（2）根据控制要求进行 PLC 的 I/O 分配并填入表 4－9 中。

（3）编写 PLC 程序，并下载到 PLC。

（4）完成 PLC 控制电动机主电路接线，使接触器的动合触点经电源控制气动阀的线圈。

（5）完成 PLC 的外部接线。

（6）完成电路的接线后，将检测物放置到运输传送带上，电动机正常运转。当检测物逐渐接近电容式接近开关时，电容式接近开关动作，PLC 控制电动机停止运行，气动阀动作，将检测物推到另一条运输传送带上，整个流程结束。

当有货物再次被光电开关检测到时，重复上述流程。

表 4-8　训练用接近开关主要技术指标记录

序号	规格型号	接线方式	输出类型	工作电流	工作电压
1					
2					
3					
4					

表 4-9　PLC 的 I/O 分配

PLC 输入端	外部设备	功能	PLC 输出端	外部设备	功能
	SQ0	光电接近开关		KM	电动机运行控制接触器
	SQ1	电容式接近开关		YA	气动装置控制电磁换向阀

第五章　机电一体化系统总体方案设计

第一节　总体结构与驱动方案设计

一、概述

总体方案设计的质量和准确性对于整个项目的成功至关重要。它为后续的详细设计和实施提供了坚实的基础，有助于确保项目按照计划顺利进行。同时，总体方案设计也需要不断进行调整和改进，以适应项目的变化和需求的变化。

（一）总体方案的作用

总体方案在项目设计和开发过程中起着重要的作用，其主要功能包括：

①指导方向：总体方案确定了项目的整体方向和目标，为项目的后续开发提供了明确的指导。它确保了整个项目围绕着一致的目标进行。

②问题识别：在总体方案设计阶段，可能会识别出潜在的问题和挑战，从而在项目早期就能够采取相应的措施来解决这些问题，降低风险。

③资源规划：总体方案确定了项目所需的资源，包括人力、物资、资金等，有助于资源的有效规划和管理。

④风险管理：通过对项目进行全面的考虑和分析，总体方案有助于识别和管理项目中的潜在风险，提前制定风险应对策略。

⑤预算控制：总体方案中包含了成本估算，有助于控制项目的预算，确保项目在经济范围内完成。

⑥时间计划：总体方案制订了项目的时间计划，帮助项目团队合理安排工作，保证项目按时交付。

⑦项目沟通：总体方案可以作为与项目相关各方进行沟通和协调的基础，确保项目的各个方面都得到充分的理解和支持。

⑧决策依据：总体方案为项目的各种决策提供了依据，包括技术选型、资源分配、项目进展等方面的决策。

⑨项目验收：总体方案中包含了项目的验收标准和目标，有助于最终的项目验收和交付。

总体方案的编制和制定是项目管理中的一个关键阶段，它为整个项目的成功提供了基础和方向。通过仔细思考和计划，确保项目在执行过程中能够按照预期的目标和要求顺利推进。同时，总体方案也需要在项目执行过程中不断调整和优化，以适应变化的情况和需求。

（二）总体方案设计的主要内容

总体方案设计是一个项目的重要阶段，它需要包括以下主要内容：

①项目背景和需求分析：需要明确项目的背景和动机，为什么要进行这个项目，以及项目的主要需求是什么。这一部分需要对项目的背景、市场需求、技术需求等进行详细分析。

②项目目标和范围：定义项目的主要目标和范围，明确项目的预期成果和交付物是什么。这有助于确保项目的所有参与方对项目的期望一致。

③项目组织结构：确定项目的组织结构，包括项目经理、项目团队成员、利益相关者等。需要明确各个成员的职责和角色。

④项目计划：制订项目的时间计划，包括项目的起止时间、关键里程碑、阶段性目标等。项目计划需要合理安排项目的各个阶段和任务，确保项目按时完成。

⑤资源分配：确定项目所需的资源，包括人力资源、物质资源、资金等。需要考虑资源的供应和调配。

⑥风险分析和管理：对项目可能面临的风险进行分析和评估，制定风险应对策略，确保项目在面临风险时能够及时应对。

⑦成本估算和预算：对项目的成本进行估算，并制定项目的预算。需要包括项目的预算控制和监督机制。

⑧质量管理计划：制订项目的质量管理计划，包括质量标准、质量检查和测试计划等，确保项目的交付物达到预期的质量标准。

⑨沟通计划：制订项目的沟通计划，明确项目各方之间的沟通方式和频率，确保信息流畅和及时传递。

⑩验收标准和交付：确定项目的验收标准和交付要求，明确项目完成后的验收程序和交付物。

⑪项目评估和监控：制订项目的监控和评估计划，包括项目进展的跟踪、问题解决、变更管理等。

⑫法律和合规事项：确保项目符合法律、法规和合规要求，包括知识产权、环境法规等。

⑬项目可行性研究：对项目的可行性进行研究，包括市场分析、技术可行性、经济可行性等。

⑭项目文档：编写项目文档，包括总体方案报告、项目计划、预算报告等。

总体方案设计需要综合考虑项目的各个方面，确保项目的顺利进行和成功交付。这个阶段的设计工作为后续的项目执行和管理提供了清晰的方向和基础。

二、总体结构方案设计

机械结构是机电一体化产品的主体，也是实现系统功能的载体。在某种意义上来讲，主体机械结构对系统的总体布局有着决定性的影响。总体布局和主体机械结构也是密切相关的，两者必须协调一致。

（一）主体机械结构

主体机械结构是指机电一体化系统中的主要机械部分，它负责支撑、定位和传递力量，通常包括以下方面的设计考虑。

①结构设计：主体机械结构的设计需要考虑结构的强度、刚度和稳定性，以确保它能够承受工作载荷和外部环境的影响。结构设计包括选择适当的材料、确定结构的形状和尺寸，以满足设计要求。

②定位和导向：主体结构通常需要具备精确定位和导向功能，以确保机械系统的各个部分能够准确地相对运动或定位。这可能涉及导轨、滑块、轴承等部件的选择和设计。

③传动系统：主体结构需要考虑传动系统，包括传动装置、齿轮箱、皮带传动、滚珠丝杠副等，以实现运动部件的驱动和运动控制。传动系统的设计需要考虑传递的力矩、速度和精度要求。

④机床床身设计：如果机电一体化系统是数控机床，那么机床床身的设计是关键部分。它需要具备足够的刚度、稳定性和振动控制能力，以确保加工精度和表面质量。

⑤工作台设计：主体机械结构通常需要一个工作台或夹具，用于夹持工件或执行其他特定任务。工作台的设计需要根据工作需求和工件特性进行选择和设计。

⑥连接和装配：主体结构的连接和装配是关键，需要确保各个部件能够准确、牢固地组装在一起。这包括螺栓、销钉、焊接等连接方式的选择和设计。

⑦润滑和密封：机械结构通常需要适当的润滑和密封，以减少摩擦、磨损和防止污染，需要考虑润滑剂的选用和密封材料的设计。

⑧安全和可维护性：主体机械结构的设计需要考虑操作安全性和维护便捷性。这包括安全防护措施、急停装置和易于维护的部件设计。

⑨重量和体积：主体结构的重量和体积对于整个机电一体化系统的性能和移动性也有重要影响，需要在结构设计中权衡这些因素。

⑩热变形和热稳定性：如果机械系统在高温环境下工作，需要考虑材料的热稳定性和热膨胀特性，以避免热变形对精度的影响。

总体机械结构的设计需要综合考虑以上因素，并确保它满足机电一体化系统的性能和质量要求。这通常需要进行详细的工程分析、计算和仿真，以获得最佳的设计方案。

（二）总体布局

总体布局是指机电一体化系统中各个主要组成部分的相对位置和布置方式，包括机械结构、电子控制系统、传感器、执行元件等的摆放和布线安排。总体布局的合理性对于系统的性能、可维护性和操作效率都有重要影响。

以下是总体布局的一些重要考虑因素。

①机械结构布局：机械结构通常是系统的主体部分，其布局需要满足工作空间要求、加工工艺需求和工件进出要求。机床床身、工作台、传动系统等的布局需要考虑

刚度、稳定性和工件夹持。

②电子控制系统位置：控制系统通常包括 PLC、计算机、控制面板等，它们的位置需要方便操作和维护。同时，需要考虑电磁干扰和温度稳定性等因素。

③传感器位置：传感器用于检测和反馈系统状态，其位置应考虑到测量的准确性和信号传输的稳定性。传感器的安装应避免机械振动和干扰源。

④执行元件布局：执行元件如伺服电机、气动元件等需要与机械结构紧密协作，其布局需要满足运动控制需求和传递力量的要求。

⑤电源和能源：电源和能源的供应需要考虑到设备的功率需求和工作环境，确保稳定可靠的供电。

⑥安全和紧急停止：安全装置和急停按钮的位置需要容易触及，以确保在紧急情况下能够迅速切断电源。

⑦操作人员工作站：如果有人机交互操作，操作人员的工作站布局需要符合人体工程学，确保操作的舒适性和安全性。

⑧通风和散热：如果系统内部产生热量，则需要考虑通风和散热设备的位置，以防止过热和损坏。

⑨维护通道和空间：确保有足够的维护通道和工作空间，方便日常维护和维修工作。

总体布局的设计需要在满足机电一体化系统性能和功能需求的前提下，优化各个部分的相互关系，以提高系统的效率、可靠性和安全性。设计过程中通常需要进行布局图的绘制和模拟分析，以便评估不同布局方案的优缺点。

三、驱动方案设计

（一）传动方案设计

执行机构和驱动元件的匹配需要考虑系统的性能要求、运动形式、精度、速度、力量、成本等多个因素，并根据具体应用场景来进行选择，以实现机电一体化系统的最佳性能和成本效益。

1. 直线运动驱动机构

（1）直线驱动元件直接驱动

直线步进电机，阀控油缸、气缸都可以直接驱动负载，产生直线运动。直接驱动的优点是负载与驱动元件直接连接，不需要中间转换机构，负载的运动精度不受中间机构的影响，直接反映驱动元件的精度，执行机构结构简单。缺点是直线驱动元件的种类相对较少、尺寸较大。气缸和油缸的结构比较简单，但需要控制阀、动力源等辅件，占地空间较大，液压源的噪声较大，也有环境污染问题。功率型直线步进电机和直流电机的体积都比较大，价格也比较昂贵。

表 5-1 中列出了常用的直线驱动元件的主要特点及适用场合。

表 5 – 1　常用的直线驱动元件的主要特点及适用场合

特点 名称	直线步进电机	阀控气缸	阀控油缸
结构	复杂	简单	较简单
传感器	磁电式或直接开环控制	直线型位移传感器，受制造工艺限制，行程不能太大	直线型位移传感器，行程受限制
控制	使用专用传感器，开环控制，位置精度高，低速振动较大，有一定的负载能力	使用气压控制阀控制，快速性好，负载能力差，定位精度不高	使用电液伺服阀控制，快速性好，负载能力强，可实现较高的定位精度
适用场合	并联机器人等	包装机械等轻工机械，多用于开关控制	并联机器人、包装机械、水下机器人等
成本	较高	较低	较高

（2）回转型驱动元件实现的直线运动驱动

要通过回转型驱动元件实现直线运动驱动，通常需要使用一些机械装置将旋转运动转换为直线运动。以下是一些常见的用于实现这种转换的装置。

①丝杠螺母副：丝杠螺母副是一种常见的机械装置，它通过旋转螺杆来驱动螺母，从而实现直线运动。当螺杆旋转时，螺母沿着螺杆的轴线移动，实现直线位移。这种装置通常用于需要高精度直线运动的应用，例如数控机床的进给系统。

②滚珠丝杠副：滚珠丝杠副类似于丝杠螺母副，但它使用滚珠在丝杠和螺母之间传递力量，从而减小摩擦和提高效率。这种装置通常用于需要高速直线运动的应用，例如印刷机、激光切割机等。

③齿轮传动：齿轮传动可以将旋转运动转换为直线运动。通过合适的齿轮组合，可以实现不同速度和力量的直线运动。这种装置通常用于需要粗略直线运动的应用，例如输送带系统。

④滚轮导向：滚轮导向系统使用滚轮来支持和引导运动部件，以实现直线运动。这种装置通常用于需要低摩擦和高速直线运动的应用，例如线性导轨系统。

⑤皮带传动：皮带传动使用皮带来传递力量，从而实现直线运动。这种装置通常用于需要低成本、低精度直线运动的应用，例如自动售货机等。

在选择回转型驱动元件实现直线运动驱动时，需要根据具体的应用需求和性能要求来选择适合的装置和驱动元件。同时，还需要考虑装置的耐久性、维护要求和成本等因素，以确保系统能够稳定可靠地运行。

2. 转动输出型驱动机构

转动输出型驱动机构是一种将电机或其他动力源的旋转运动转换为旋转输出的机构。这种类型的驱动机构通常用于需要执行旋转运动的应用，如机械臂、风扇、车轮驱动等。以下是一些常见的转动输出型驱动机构。

①齿轮传动：齿轮传动是一种常见的转动输出型驱动机构。它使用齿轮来传递动力，从一个旋转轴转移到另一个旋转轴。齿轮传动可以实现不同速度和扭矩的输出，

因此在许多应用中得到广泛使用。

②链条传动：链条传动类似于齿轮传动，但它使用链条而不是齿轮来传递动力。链条传动通常用于需要长距离传动和高扭矩输出的应用，如自行车链条传动、摩托车链条传动等。

③带传动：带传动使用橡胶或合成材料的带子来传递动力。它通常用于低速和低扭矩的应用，如传送带、发动机的配气机构等。

④联轴器：联轴器是一种连接两个旋转轴的装置，用于传递旋转动力。它通常用于需要连接两个旋转装置的应用，如电机与泵的连接。

⑤直流电机：直流电机通常是将电能转换为机械能输出的旋转电气设备。通过改变电流方向和大小，可以控制直流电机的转速和方向。

⑥步进电机：步进电机是一种特殊类型的电机，它将电脉冲信号转化为离散的旋转步进运动。步进电机通常用于需要高精度和位置控制的应用，如打印机、数控机床等。

这些转动输出型驱动机构可以根据具体的应用需求和性能要求来选择。不同的驱动机构具有不同的特点，包括传动效率、精度、扭矩输出、噪声水平等。在选择驱动机构时，需要综合考虑这些因素，以确保系统能够满足设计要求。

（二）驱动方式选择

工作环境与驱动系统也有着密切的关系，在选择动力源和驱动元件时也应考虑工作环境的情况。

1. 家用电器，医疗器械

应满足无污染、低噪声、体积小、重量轻的要求。显然不宜使用液压或气压驱动，应尽量选用电子能源，且尽量使用二相 220 V 民用电，避免使用三相动力电。在选择传动方式时应尽量选择噪声低的传动方法，如同步齿形带传动。对于便携式家电或医疗仪器则应考虑用电池供电。

2. 食品，医药生产机电产品

应避免污染，可采用气动或电动驱动方式，不宜采用液压驱动。

3. 水下设备

这类设备包括石油钻井平台、水下机器人、水下电缆铺设设备、水下维修设备、水下施工设备等。应充分考虑高压下的密封问题，比如，采用液压驱动较电驱动易实现密封，使用复合材料轴承代替普通滚动轴承可以延长寿命等。

4. 一般工业设备

电、气、液三种驱动方法都可以用于一般工业设备的驱动，在选择驱动方法时可以根据工厂、车间的具体情况进行具体分析。如果对噪声的要求比较高，则不宜采用气动和液压驱动，若对污染要求比较高，宜采用气动或电动。对气压源方便的场合应尽量采用气动。

表 5-2 中列出了电动机、液压马达和液压缸实现转动输出型驱动的特点。

表 5-2　电动机、液压马达和液压缸实现转动输出型驱动的特点

名称＼特点	直线电动机	液压马达	液压缸
结构	需要大传动比减速器，结构较复杂	直接驱动负载，马达的结构复杂	通过连杆机构负载，油缸的结构简单
控制性能	负载能力较大，快速性较好，可实现较高位置精度，回转角无限制	负载能力大，快速性好，可实现较高位置精度，回转角小于270°	负载能力大，快速性好，有非线性，控制精度较高，回转角小于180°
传感器	在高速端使用增量式编码器，在低速端使用绝对式编码器	使用编码器或电位器	使用直线传感器或角度传感器，直线传感器可置于液压缸内，具有良好的防水、防爆功能
工作环境	较好的工作环境	可在需要防水、防爆的条件下工作	可在需要防水、防爆的条件下工作
控制成本	PWM（脉宽调制），大功率驱动电路	与电液伺服阀配套，小功率直流放大器电路	与电液伺服阀配套，小功率直流放大器电路
成本	与液压驱动成本相当	较液压缸成本高	较液压马达成本低
应用	工业机器人、数控机床	应用较少	并联机器人、喷漆机器人、水下机器人

第二节　控制系统与机电一体化系统的设计方法

一、控制系统方案设计

控制系统包含两大部分，局域伺服驱动系统和计算机综合控制系统。局域伺服驱动系统的作用是实现某一个单项运动的伺服控制，一般由局域控制器来实现；计算机综合控制系统主要承担整个系统运行管理的控制，包括为伺服驱动系统传送控制命令、检测系统的反馈信息、控制人机界面、规划作业任务和运行管理系统等。

（一）伺服驱动方案设计

1. 伺服驱动系统的作用

伺服驱动系统是一种用于精确控制运动位置、速度和扭矩的电动机控制系统。其主要作用包括以下几个方面。

①精确运动控制：伺服驱动系统能够实现非常精确的位置控制，可以将执行机构移动到所需的位置，以满足特定的运动需求。这对于需要高精度的应用非常重要，如数控机床、机器人、印刷设备等。

②速度控制：伺服驱动系统可以实现精确的速度控制，可以加速、减速或维持恒定的速度，以适应不同的工作要求。这对于需要精确速度控制的应用非常关键，如输送带、飞行器、自动化生产线等。

③扭矩控制：伺服驱动系统能够精确控制输出扭矩，使其适应不同的负载和工作条件。这对于需要精确扭矩控制的应用非常重要，如搅拌器、起重机、医疗设备等。

④高动态响应：伺服驱动系统具有出色的动态响应能力，可以快速响应控制信号的变化，并实现高加速度和高速度的运动。这对于需要快速响应和高速度运动的应用非常有用，如飞行器、机器人、运动模拟器等。

⑤稳定性和反馈控制：伺服驱动系统通常配备反馈控制装置，如编码器或传感器，以监测实际位置和速度，并实时反馈给控制器，以实现闭环控制。这可以提高系统的稳定性和精度，减小误差，确保运动的准确性。

⑥自动化和远程控制：伺服驱动系统可以集成到自动化系统中，实现自动化生产和远程控制。这对于需要高度自动化的工业应用具有重要意义，如制造业、物流和仓储等。

⑦能耗效率：伺服驱动系统通常能够根据实际需求动态调整功率输出，以提高能耗效率。这对于需要降低能源消耗的应用非常有益，如电动汽车、可再生能源系统等。

总之，伺服驱动系统在工业和自动化领域中发挥着关键作用，可以实现高精度、高性能的运动控制，提高生产效率和质量，降低成本，促进技术进步和创新。

2. 伺服驱动方案

伺服驱动系统的设计方案取决于具体的应用和要求，以下是一些常见的伺服驱动方案。

①基本伺服系统：基本的伺服系统包括伺服电机、编码器（或其他位置反馈装置）、控制器和电源。这种方案适用于需要精确位置控制和速度控制的应用，如数控机床、印刷机、纺织机械等。

②闭环伺服系统：闭环伺服系统在基本系统的基础上加入了反馈控制回路，通过实时监测实际位置和速度，并与设定值进行比较，更精确地调整电机的输出，提高系统的稳定性和精度。这种方案适用于对控制精度要求很高的应用，如机器人、医疗设备、半导体制造设备等。

③多轴伺服系统：多轴伺服系统同时控制多个伺服电机，以实现复杂的多轴协调运动。这种方案适用于需要多轴同步控制的应用，如印刷包装机、木工机械、立式加工中心等。

④网络化伺服系统：网络化伺服系统将多个伺服控制器连接到一个网络中，实现集中控制和监测。这种方案适用于大规模自动化系统，如工厂自动化生产线、物流系统等。

⑤高性能伺服系统：高性能伺服系统通常采用先进的控制算法和硬件，以实现更高的动态响应和精度。这种方案适用于需要极高性能的应用，如飞行模拟器、精密测量仪器等。

⑥节能伺服系统：节能伺服系统采用能耗优化控制策略，可以根据负载需求调整

电机的功率输出，以降低能源消耗。这种方案适用于需要降低运行成本和环境友好的应用，如电动汽车、太阳能跟踪系统等。

⑦集成伺服系统：集成伺服系统将伺服电机、控制器和驱动器集成在一起，形成紧凑的单元，简化安装和维护。这种方案适用于空间有限或需要高度集成的应用，如机器人手臂、医疗影像设备等。

⑧定制伺服系统：对于特殊应用，可能需要定制的伺服系统方案，根据具体需求设计和制造。这种方案适用于独特的工业自动化和机电一体化应用。

伺服驱动系统的选择应根据具体的应用需求、性能要求、成本预算和可用空间等因素进行综合考虑。在选择伺服驱动方案时，通常需要与伺服系统供应商合作，以确保系统能够满足项目的要求。

（二）计算机控制系统方案设计

1. 基于产品类型的控制方案设计

基于产品类型的控制方案设计是根据不同类型的机电一体化产品和其特定的应用需求来制定控制策略和方案的过程。以下是根据产品类型进行控制方案设计的一般步骤。

①产品类型和需求分析：需要对具体的机电一体化产品类型进行分析和了解，包括其功能、性能要求、工作环境等方面的特点。同时，明确产品的控制需求，包括运动控制、传感器反馈、用户界面等。

②控制系统架构设计：根据产品类型和需求，确定控制系统的整体架构。这包括确定所需的传感器和执行器类型，以及控制器和通信接口的选择。

③运动控制策略：针对不同的机电一体化产品类型，设计适当的运动控制策略。这涉及速度控制、位置控制、力/扭矩控制等，具体取决于产品的运动特性。

④传感器选择和布局：根据产品的需求，选择适当的传感器类型，如位置传感器、压力传感器、温度传感器等。确定传感器的布局和安装位置，以确保能够准确捕获所需的数据。

⑤控制算法开发：开发适用于产品类型的控制算法。这包括 PID 控制、模糊控制、神经网络控制等不同的算法，根据产品需求进行选择和调整。

⑥用户界面设计：如果产品需要用户界面，则应设计界面的布局和功能，以便用户能够轻松地与产品互动和监控。

⑦通信和数据处理：如果产品需要与其他设备或系统进行通信，则应设计通信接口和数据处理方案，以确保信息的传递和处理。

⑧硬件和软件选择：根据控制系统架构设计，选择适当的硬件和软件组件，包括控制器、传感器、执行器、编程环境等。

⑨系统集成和测试：将各个组件集成，并进行系统测试和验证，以确保控制方案能够正常工作并满足产品性能要求。

⑩性能优化和调试：在实际应用中，可能需要对控制方案进行性能优化和调试，以满足产品的稳定性、精度和效率要求。

⑪维护和更新：随着产品的使用和环境变化，可能需要对控制方案进行维护和更

新，以确保产品持续正常运行。

每种机电一体化产品类型都具有独特的控制需求和挑战，因此控制方案的设计需要根据具体情况进行定制。与领域专家和控制工程师的密切合作通常是成功设计产品控制方案的关键。

2. 基于系统规模的控制方案设计

基于系统规模的控制方案设计是针对整个机电一体化系统的控制需求和特点，从系统层面进行设计和规划的过程。以下是基于系统规模进行控制方案设计的一般步骤。

①系统规模分析：对机电一体化系统的整体规模和复杂性进行分析。了解系统中涉及的各个子系统、模块以及其之间的相互关系。

②需求分析：确定系统的整体性能和功能需求，包括运动控制、传感器反馈、用户界面、通信要求等。理解系统的工作环境和操作条件也是重要的。

③系统架构设计：根据系统规模和需求，设计整个机电一体化系统的架构。确定主要的子系统和模块，以及它们之间的通信和数据流程。

④控制策略制定：制定系统的整体控制策略。这包括运动控制策略、传感器数据处理策略、通信策略等，确保各个子系统能够协同工作。

⑤传感器和执行器选择：根据系统需求，选择适当类型和规格的传感器和执行器。确保它们能够满足系统性能要求。

⑥通信和数据管理：设计系统内部和外部的通信接口，以及数据管理和存储方案，考虑数据采集、传输、存储和处理的需求。

⑦控制算法开发：针对整个系统或关键子系统，开发适用的控制算法。这包括运动规划、路径跟踪、反馈控制等算法。

⑧用户界面设计：如果系统需要用户界面，则应设计用户界面的布局和功能，以方便用户操作和监控系统。

⑨系统集成和测试：将各个子系统和模块进行集成，进行测试和验证，确保系统能够按照规划工作。

⑩性能优化和调试：在实际应用中，对系统进行性能优化和调试，以确保系统达到预期的性能水平。

⑪系统维护和升级：随着系统的使用和环境变化，可能需要进行系统的维护和升级，以确保系统的稳定性和可靠性。

⑫风险管理和安全考虑：在设计过程中，考虑系统可能面临的风险和安全问题，制定相应的风险管理和安全措施。

⑬文档和培训：编写系统设计文档和操作手册，为用户提供培训和技术支持。

基于系统规模的控制方案设计需要全面考虑系统的整体性能和集成性，涉及多个子系统和模块的协同工作。因此，团队合作和跨学科的合作通常是必要的，以确保系统能够成功设计和实施。

3. 基于工作环境的控制方案设计

基于工作环境的控制方案设计是针对机电一体化系统的实际工作环境和应用场景，以确保系统在特定环境下能够安全、可靠、高效地运行的设计过程。以下是基于工作环境的控制方案设计的一般步骤。

①工作环境分析：对系统将要部署和运行的工作环境进行详细分析。考虑环境温度、湿度、气压、振动、腐蚀性物质等因素，以及可能存在的噪声、辐射和电磁干扰等。

②环境要求和限制：根据工作环境的特点，明确系统在环境中必须满足的性能要求和限制条件。例如，如果系统将在高温环境中工作，需要考虑散热和温度控制问题。

③材料和密封选择：根据环境要求，选择适合的材料和密封方案，以防止环境因素对系统造成损害。例如，防水、防尘、防腐蚀的设计要求。

④防护措施设计：根据环境要求，设计适当的防护措施，如密封件、防护罩、冷却系统等，以保护系统免受不良环境的影响。

⑤电磁兼容性（EMC）考虑：如果工作环境中存在电磁干扰，需要设计系统以满足 EMC 要求，以确保系统的电子部件不受干扰或不会产生干扰。

⑥振动和冲击抵抗：如果系统会受到振动或冲击，需要设计机械结构和固定方案，以确保系统的稳定性和可靠性。

⑦安全性考虑：根据工作环境的特点，考虑系统的安全性问题，如防止电击、火灾、爆炸等安全风险。

⑧能耗管理：根据环境要求，设计能耗管理系统，以提高能源利用效率和降低运行成本。

⑨环境监测和报警：如果需要，在系统中集成环境监测传感器和报警系统，以实时监测环境参数并采取措施应对异常情况。

⑩系统测试和验证：在设计完成后，进行系统测试和验证，确保系统在实际工作环境中能够正常运行并满足要求。

⑪维护和保养计划：制订系统的维护和保养计划，定期检查和维护系统，延长其使用寿命。

⑫法规和标准遵从：遵守适用的法规和标准，确保系统在工作环境中合法合规运行。

基于工作环境的控制方案设计是确保机电一体化系统能够适应特定工作环境并稳定可靠运行的关键。

二、机电一体化系统的现代设计方法

随着科学技术的发展和对产品要求的不断提高，设计新理论、新方法、新技术不断涌现。现代设计方法与用经验公式、图表和手册为设计依据的传统设计方法不同，它是以计算机为辅助手段，面向市场、面向用户，并着眼于产品全寿命周期的设计。以下主要对在机电一体化系统设计中应用较多的可靠性设计、优化设计、反求设计、绿色设计、虚拟设计等现代设计方法进行介绍。

（一）可靠性设计

可靠性是指系统或产品在规定的条件下，在一定时间内正常工作的能力。在机电一体化系统中，可靠性设计是确保系统在不同环境和工作条件下能够稳定运行并满足性能要求的关键因素之一。可靠性设计是确保机电一体化系统能够满足性能和质量要求的重要部分。利用系统性的方法和工具，可以降低故障率、提高系统寿命，并减少维护成本。这对于满足市场需求、提高竞争力至关重要。

1. 可靠性的基本概念

（1）可靠性的定义

可靠性是指系统、设备或产品在规定的条件下，在一定时间内正常工作、不发生故障或失效的能力。可靠性通常以概率的形式来表达，即系统在一定时间内正常工作的概率或无故障时间的期望值。在工程领域，可靠性是一个重要的性能指标，用于评估系统的稳定性、可维护性和质量。

可靠性的定义可以细化为以下几个方面。

①正常工作：可靠性要求系统在其设计和运行的条件下能够完成其预定的任务或功能，而不会出现异常或故障状态。

②规定的条件：可靠性的评估通常在特定的环境条件下进行，包括温度、湿度、振动等因素。系统在不同环境条件下的可靠性可能不同。

③一定时间内：可靠性通常涉及一段时间内的性能评估，例如，系统在一天、一年或更长时间内的可靠性。

④不发生故障或失效：可靠性的核心概念是系统在一定时间内不会出现故障或失效，即系统能够保持其设计性能。

可靠性的具体定义可以根据不同应用领域和具体需求而有所不同。在一些应用中，可靠性可能是维持系统运行的绝对要求，例如航空航天领域。在其他应用中，可靠性可能只是重要的性能指标之一，需要与其他因素（如成本、性能、安全性）权衡考虑。

（2）可靠性的指标

①可靠度。指产品在规定条件下和规定时间内，完成规定功能的概率，即产品不发生故障的数量与产品总数量之比值，它是时间的函数，故记为 $R(t)$。

$$R(t) = \frac{N - n(t)}{N}$$

式中：N——受试产品的总数；

$n(t)$——从 0 时刻到 t 时刻内失效产品的个数。

②失效率。受试产品数为 N 时，工作到 t 时刻后，单位时间内发生的产品失效数与在 t 时刻尚在工作的产品数（残存产品数）之比。

$$\lambda(t) = \frac{n(t + \Delta t) - n(t)}{[N - n(t)]\Delta t}$$

$\lambda(t)$ 与 $R(t)$ 之间的关系为

$$R(t) = e^{-\int_0^t \lambda(t)\,dt}$$

③平均寿命 t_{av}。所有零件或设备的总工作时间与总故障数之比。

$$t_{av} = \frac{\text{所有零件或设备的总工作时间}}{\text{总故障数}} = \frac{1}{N}\sum_{i=1}^{n} t_i \Delta n_i$$

式中：t_i——每组的中值；

Δn_i——观测值近似为 t_i 的产品数。

④维修度 $M(t)$。指可以维修的产品，在规定的条件下和规定的时间内完成维修的概率，即保持或恢复到完成规定功能状态的概率。

$$M(t) = \frac{I_{\Delta t}(t)}{L}$$

式中：L——投入维修的产品数；

$I_{\Delta t}(t)$—— t 时刻已维修的产品数。

必须指出：虽然维修度和可靠度一样用概率来度量，但维修度除了具有产品或系统本身的固有质量外，还与人的因素有关。为了提高维修度，应注意：

a. 重视维修性设计，使便于观察、检查故障，并便于修理；

b. 提高维修人员水平；

c. 完成备件供应及维修工具的管理。

⑤修复率。指修理时间已达到某个时刻时尚未修复的产品，在该时刻后的单位时间内完成修理的概率。

⑥有效度 $A(t)$。可分为瞬时有效度、平均有效度和稳态有效度。瞬时有效度是指产品在某时刻具有或保持其规定功能的概率。平均有效度是指在某个规定时间区间内有效度的平均值。当时间趋于无限时，瞬时有效度的极限值称为稳态有效度。

$$\lim_{t \to \infty} A(t) = A$$

$$A(t) = \frac{t_v}{t_v + t_D}$$

式中：t_v——产品能工作的时间；

t_D——产品不能工作的时间。

⑦耐久性。指产品在整个使用期限内和规定的维修条件下，保持其工作能力的性能。

2. 可靠性的分解与综合

（1）可靠性指标的分解

可靠性指标通常可以分解为多个子指标，以更全面地评估系统、产品或设备的性能。以下是一些常见的可靠性子指标和其分解。

①MTBF（故障间平均时间）：系统在正常运行过程中平均无故障工作的时间。它可以分解为以下几个子指标：

- MTTF（故障发生平均时间）：系统的平均无故障运行时间，包括了维护和修复时间。

- MTTR（平均修复时间）：在系统发生故障时，平均需要多长时间来修复系统，包括了维修和恢复正常运行的时间。

②可用性：系统在规定时间内可供使用的概率，通常以百分比表示。可用性可以分解为以下子指标：

- 正常可用性：系统在没有故障或失效时可供使用的概率。

- 失效可用性：系统在发生故障或失效后能够迅速修复并继续可供使用的概率。

③故障率：单位时间内系统发生故障或失效的概率。

④维修性：评估系统在发生故障后的维修难度和维修时间。它可以分解为以下子指标：

- 平均维修时间：修复系统所需的平均时间。
- 维修性指数：系统维修的难度和效率的度量。

⑤可维护性：系统在预防性维护、保养和检查方面的性能。它可以分解为以下子指标：

- 预防性维护时间：系统在预定维护间隔内的停机时间。
- 维护效率：指维修人员执行维护任务的效率和准确性。

⑥可靠性增长：在系统使用过程中，通过维修和改进措施来提高系统的可靠性。

这些可靠性子指标可以帮助工程师更全面地评估系统的性能，并采取适当的措施来提高系统的可靠性。不同的应用领域和行业可能关注不同的可靠性指标，因此在具体项目中需要根据需求选择合适的指标进行评估。

（2）可靠性的综合

若已知各分系统（或部件或零件）的可靠性，设计人员应懂得如何求得总系统的可靠性。其目的在于协调设计参数及指标，发现薄弱环节，提供设计方案比较、修改和优选，提高产品的可靠性。

系统的可靠性取决于组成系统各单元的可靠性水平，及由系统的类型和结构决定的系统本身的可靠性水平。因此可靠性评估包括单元可靠性评估和系统可靠性评估。前者是后者的基础，应重点评估关键零部件的失效模式、失效标准（或称失效判据）、失效分布规律及可靠性，在此基础上评估系统的可靠性水平。

由于评估的目的、设计的时期、系统的规模、失效的类型和数据情况等不同，可靠性评估有着许多不同的方法。可靠性逻辑框图法是常用的方法之一，是根据组成系统各单元的可靠性特征量，推算出系统的可靠性。在分析系统可靠性时，必须了解系统中每个单元的功能，各单元间在可靠性功能上的联系，以及这些单元功能、失效模式对系统功能的影响，这些都是建立可靠性逻辑框图的基础。

根据单元在系统中所处的状态，系统可分为以下几种类型：

①串联系统

在串联系统中，只要有一个单元功能失效，整个系统的功能也随之失效，故又称非储备系统。

串联系统的可靠度等于组成系统的各独立单元可靠度的连乘积，即

$$R_s(t) = \prod_{i=1}^{n} R_i(t)$$

式中：$R_s(t)$ ——串联系统的可靠度；

$R_i(t)$ ——组成串联系统第 i 个独立单元的可靠度；

n ——组成串联系统的独立单元数。

在串联系统中，影响系统可靠度的是系统中可靠度最差的单元。要提高系统的可靠度，应注意提高该薄弱单元的可靠度。

②并联系统

在并联系统中，只有在构成系统的元件全部发生故障后，整个系统才不能工作。由于并联系统只要有一个单元不失效，就可维持整个系统工作，故称为储备系统，也称冗余系统。

并联系统的可靠度为

$$R_s(t) = 1 - \prod_{i=1}^{n}\left[1 - R_i(t)\right]$$

并联系统的可靠度大于各单元中可靠度的最大值，组成系统的单元数 n 越大，系统可靠度就越高，但是并联的单元数越多，系统的结构也越复杂，尺寸、重量和造价也越大。在机械系统中，一般仅在关键部位采用并联单元，其数量也较少，常取 $n = 2$ 或 $n = 3$。

③混联系统

所谓混联系统即由串联和并联混合组成的系统，可分为串－并联系统和并－串联系统两种。

求混联系统可靠度的方法是先将系统小的并联或串联部分折算成等效单元，将混联系统化简为串联或并联系统，即可利用串联或并联系统的可靠度计算公式计算出混联系统的可靠度。

3. 机电一体化系统的可靠性设计

机电一体化系统（产品）既可能产生电子电路故障，又可能出现机械故障，而且易受电磁噪声的干扰，因此，可靠性问题格外突出，也是用户最关心的问题之一。在产品设计中，除采用可靠性设计方法外，还必须采取必要的提高可靠性措施，在产品设计初步完成后，还需要进行可靠性复查和分析，以便发现问题及时改进。

产品的可靠性主要取决于产品的研制和设计阶段所形成的产品固有的可靠性。因此，要保证产品的可靠性，就要进行可靠性设计。在满足产品功能、成本等要求的前提下，一切使产品可靠运行的设计，均属可靠性设计的范畴。

（1）现代机械系统可靠性设计

现代机械系统的可靠性设计是确保机械系统在整个生命周期内能够持续高效运行，减少故障和维修成本的重要方面。以下是现代机械系统可靠性设计的关键考虑因素和步骤。

①可靠性目标设定：需要明确定义机械系统的可靠性目标。这包括系统的期望寿命、可用性要求、维修间隔等指标。

②风险评估：进行系统的风险评估，识别潜在的故障模式和影响，以确定需要重点关注的领域。

③故障模式和影响分析（FMEA）：使用 FMEA 方法，对系统的关键部件和流程进行详细分析，识别潜在的故障模式、可能的故障原因和故障对系统性能的影响。

④设计优化：基于 FMEA 和风险评估的结果，进行系统设计的优化。这涉及增强材料选择、减少零件数量、提高制造工艺、改进维护程序等方面的改进。

⑤材料选择：选择适合系统要求的高质量材料，确保其性能稳定和耐用。

⑥可维护性设计：考虑系统的可维护性，确保容易进行维护和修理，减少停机时间。

⑦定期维护和检查：建立定期维护和检查程序，以确保系统在运行期间保持高可靠性。

⑧可靠性测试：在系统设计和生产阶段，进行可靠性测试，模拟实际运行条件下的性能。

⑨数据分析和监测：使用传感器和监测设备，对系统进行实时数据采集和分析，以便及时识别潜在问题。

⑩培训和意识提高：培训维修和操作人员，提高他们的可靠性意识和技能。

⑪持续改进：建立反馈机制，不断改进系统设计和维护程序，以适应变化的需求和技术。

⑫环境适应性：考虑机械系统在不同环境条件下的适应性，包括温度、湿度、振动等因素。

⑬备件管理：管理系统所需的备件，确保在需要时能够及时获取。

⑭可靠性工程工具：使用可靠性工程工具和软件，辅助分析和评估系统的可靠性。

通过以上因素和步骤，现代机械系统的可靠性设计可以确保系统在各种条件下都能够稳定运行，减少了系统故障和停机时间，提高了系统的性能和可维护性，降低了生命周期成本。这对于各种机械应用都具有重要意义。

（2）控制系统可靠性设计

控制系统的可靠性设计是确保控制系统在各种工作条件下能够稳定运行、减少故障和停机时间的重要方面。以下是控制系统可靠性设计的关键考虑因素和步骤。

①可靠性目标设定：需要明确定义控制系统的可靠性目标。这包括系统的期望寿命、可用性要求、维修间隔等指标。

②系统架构设计：设计系统的整体架构，包括硬件和软件部分，以满足控制要求和可靠性目标。

③备份和冗余：引入备份和冗余措施，例如双重控制系统、备用电源、冗余传感器等，以降低单点故障的影响。

④故障模式和影响分析（FMEA）：使用 FMEA 方法，对系统的关键部件和流程进行详细分析，识别潜在的故障模式、可能的故障原因和故障对系统性能的影响。

⑤可维护性设计：考虑系统的可维护性，确保容易进行维护和修理，减少停机时间。

⑥备件管理：管理系统所需的备件，确保在需要时能够及时获取。

⑦定期维护和检查：建立定期的维护和检查程序，以确保系统在运行期间保持高可靠性。

⑧环境适应性：考虑控制系统在不同环境条件下的适应性，包括温度、湿度、振动等因素。

⑨可靠性测试：在系统设计和生产阶段，进行可靠性测试，模拟实际运行条件下的性能。

⑩数据分析和监测：使用传感器和监测设备，对系统进行实时数据采集和分析，以便及时识别潜在问题。

⑪培训和意识提高：培训维修和操作人员，提高他们的可靠性意识和技能。

⑫持续改进：建立反馈机制，不断改进系统设计和维护程序，以适应变化的需求和技术。

通过以上因素和步骤，控制系统的可靠性设计可以确保系统在各种条件下都能够稳定运行，减少了系统故障和停机时间，提高了系统的性能和可维护性，降低了生命周期成本。这对于各种控制应用都具有重要意义。

（3）可靠性设计的常用方法

可靠性设计是一种重要的工程设计方法，旨在确保产品或系统在规定的条件下能够长时间稳定运行，减少故障和停机时间。以下是可靠性设计的常用方法和工具。

①故障模式和影响分析（FMEA）：FMEA 是一种系统性的方法，用于分析产品或系统的潜在故障模式、故障原因及故障对性能和安全性的影响。利用 FMEA 可以识别并优化潜在的故障点，采取措施，减少故障风险。

②故障树分析（FTA）：FTA 是一种逆向分析方法，用于确定导致系统故障的根本原因。它通过构建故障树，将不同的故障事件和因果关系表示出来，以识别系统故障的可能性。

③可靠性块图（RBD）：RBD 是一种图形化方法，用于描述系统的可靠性结构和部件之间的关系。它有助于评估系统整体可靠性，识别关键部件，以及计算系统的可用性和可靠性。

④故障模式、影响和危害性分析（FMECA）：FMECA 是 FMEA 的扩展，它还考虑了故障的危害性。这有助于确定哪些故障对系统的影响最严重，并优化措施以减少这些影响。

⑤寿命测试和加速寿命试验：对产品或系统进行寿命测试和加速寿命试验，可以模拟实际使用条件下的老化和故障情况，帮助确定产品的可靠性。

⑥可靠性建模和仿真：使用可靠性建模和仿真工具，可以预测系统的可靠性，并进行各种场景的模拟。这有助于优化设计和维护策略。

⑦质量功能展开（QFD）：QFD 将用户需求与产品设计和制造过程联系起来，以确保产品满足用户期望并具有高可靠性。

⑧可靠性统计分析：使用统计方法来分析和评估产品或系统的可靠性数据，例如故障率、平均寿命、可用性等。

⑨可靠性工程工具：包括各种软件工具，如可靠性预测软件、故障数据分析软件等，用于支持可靠性设计和分析。

以上这些方法和工具可以单独或结合使用，根据具体的项目和需求来进行可靠性设计。它们有助于识别潜在的问题、改进设计、降低风险，从而提高产品或系统的可靠性和性能。

4. 软件的可靠性技术

软件的可靠性技术，大致包含利用软件提高系统可靠性和提高软件可靠性两方面的内容。

（1）用软件提高系统可靠性

使用软件可以在提高系统可靠性方面发挥重要作用。以下是一些利用软件来提高系统可靠性的方法。

①自动故障检测和诊断：开发软件来监测系统运行时的异常情况，包括传感器故障、通信故障、控制器故障等。一旦检测到异常，系统可以采取相应的措施，例如切换到备用设备，以避免系统故障。

②容错和冗余设计：使用软件实现容错和冗余功能，以确保系统在发生故障时能够继续正常运行。例如，可以实现双重控制器，一旦一个控制器出现问题，另一个可以接管控制。

③远程监控和维护：开发远程监控和维护软件，使操作人员可以远程监测系统的性能和状态。这样可以更早地发现潜在问题，并采取措施进行维护，从而减少系统故障的可能性。

④故障模拟和测试：利用软件工具进行故障模拟和测试，以评估系统在各种故障情况下的性能。这有助于识别潜在问题并改进系统设计。

⑤自动备份和恢复：开发软件来自动备份系统配置和数据，以及实现快速恢复功能。这可以减少系统故障造成的数据丢失和停机时间。

⑥实时监测和数据分析：利用软件实时监测系统运行数据，进行数据分析，以检测潜在问题和预测设备的寿命。这有助于计划维护和预防性维修。

⑦可编程逻辑控制器（PLC）：使用PLC来实现复杂的控制逻辑和安全功能，以确保系统在各种操作条件下都能安全可靠地运行。

⑧模型预测和仿真：利用数学模型和仿真软件来预测系统的性能和可靠性，以帮助优化设计和决策。

总之，使用软件可以增强系统的智能化和自动化程度，提高系统的可靠性，并及时响应潜在的问题。软件工程在可靠性设计中的应用越来越重要，可以为系统提供更多的保障和优化选项。

（2）提高软件可靠性

提高软件可靠性是一个重要的目标，尤其是在关键领域如航空航天、医疗设备、汽车和金融系统等。以下是提高软件可靠性的常见方法。

①严格的需求分析：在软件开发之前，确保对需求进行全面、准确的分析。清晰、明确的需求可以减少后期的问题和变更，提高软件的稳定性。

②模块化设计：使用模块化的设计方法将软件分解成小的、独立的模块。这有助于降低系统复杂度，减少错误传播的风险，并更容易进行测试和维护。

③代码审查和质量控制：实施严格的代码审查流程，确保代码符合最佳实践和标准。使用自动化工具来进行代码质量分析和静态代码分析。

④测试和验证：进行全面的测试，包括单元测试、集成测试、系统测试和验收测试。使用测试自动化工具来提高测试效率。

⑤错误管理和缺陷跟踪：实施错误管理和缺陷跟踪系统，以捕获、记录和跟踪所

有发现的错误。及时修复错误并确保它们不会再次出现。

⑥备份和冗余：在关键系统中使用备份和冗余组件，以确保在主要组件故障时可以无缝切换到备份。这可以提高系统的可用性和可靠性。

⑦安全性和鲁棒性：设计软件以防止恶意攻击和异常输入。确保系统对不正确的输入有鲁棒性，不会因输入错误而崩溃或产生不合理行为。

⑧版本控制和配置管理：使用版本控制工具来管理软件的版本和变更。确保只有经过审查和批准的更改才能被合并到主干代码中。

⑨持续集成和持续交付：实施持续集成和持续交付流程，确保每次更改都经过自动化测试和验证，减少错误积累的机会。

⑩监控和日志记录：在生产环境中实施监控和日志记录，以及时检测和响应问题。监控性能、错误和异常情况，并记录日志以进行故障排除。

⑪培训和知识分享：确保团队成员具备必要的技能和知识，培训他们使用最佳实践和工具。促进知识共享和团队协作。

⑫灾难恢复计划：制订灾难恢复计划，以应对不可预测的事件和数据丢失情况。定期测试和更新计划。

综合运用这些方法可以显著提高软件系统的可靠性，减少潜在问题和故障的发生，从而提供更好的用户体验并降低维护成本。

（二）优化设计

优化设计是一种强大的工程方法，可以帮助工程师在复杂的设计问题中找到最佳解决方案。它结合了数学建模、计算机科学和工程知识，可以显著提高产品性能、降低成本，并缩短开发周期。

优化设计在机电一体化系统中的应用可以提高产品性能、降低成本、提高可靠性和安全性，同时也有助于满足节能环保的要求。这是现代工程设计不可或缺的一部分，需要工程师具备相关的优化方法和工具的知识。

机电一体化系统的优化设计旨在实现在性能、成本、可靠性、安全性、环境友好性等多个方面的平衡，以满足不同领域和应用的需求，并提高产品和技术装备的市场竞争力。这需要工程师具备跨学科的知识和综合考虑问题的能力，运用各种工具和方法进行系统的优化设计。

数据规划和计算机技术为机电一体化系统的优化设计提供了强大的工具和方法，可以加速创新、提高产品性能、降低成本、满足市场需求、增强竞争力。这也是现代工程设计和制造领域不可或缺的一部分。

1. 优化设计的一般步骤

优化设计是一个系统性的工程方法，通常包括以下步骤。

①定义问题：要明确定义需要进行优化设计的问题和目标。这包括确定设计的性能指标、约束条件、可行性要求等。

②数据收集和建模：收集和整理与问题相关的数据，包括输入参数、输出指标、约束条件等。建立数学模型来描述问题，可以基于物理原理、经验数据或其他信息。

③设计变量的选择：确定需要优化的设计变量，这些变量可以是影响问题的参数，

如尺寸、材料、工艺参数等。

④优化算法选择：选择合适的优化算法来搜索最佳设计。常见的优化算法包括梯度下降法、遗传算法、粒子群算法等。

⑤建立目标函数：将问题的性能指标以及可能的约束条件转化为一个数学目标函数。这个函数用于衡量不同设计的优劣。

⑥优化求解：使用选择的优化算法来求解目标函数，以找到最佳设计。这通常需要迭代过程，算法会在设计空间中搜索，逐渐接近最佳解。

⑦结果分析：分析优化结果，评估最佳设计的性能，确保其满足定义问题中的需求。

⑧实验和验证：进行实验或验证，以验证最佳设计在实际应用中的性能。如果需要，可以进一步改进。

⑨文档和报告：记录和报告优化设计的过程和结果，以便与团队或相关方分享。

⑩迭代改进：根据实验和验证的结果，如果需要，可以反复进行优化设计的迭代，进一步改进设计。

这些步骤可以根据具体问题的复杂性和要求进行调整和扩展。在优化设计中，关键是将问题分解为可管理的部分，选择适当的数学工具和算法来解决，以实现最佳设计的目标。同时，不同的优化问题可能需要不同的方法和策略。

2. 机电一体化设计的条件和优化方法

机电一体化设计需要满足一系列条件，并采用适当的优化方法来实现最佳设计。以下是机电一体化设计的条件和优化方法。

条件：

①明确的设计目标和需求：要明确机电一体化系统的设计目标和性能需求，包括性能参数、功能要求、可靠性要求、成本限制等。

②全面的数据和信息：收集和整理与设计相关的数据和信息，包括材料特性、工艺参数、环境条件、市场需求等。

③多学科知识：机电一体化设计需要跨足多个学科领域，包括机械工程、电子工程、控制工程等，设计团队需要具备多学科的知识。

④计算工具和软件：使用现代计算工具和仿真软件来支持机电一体化设计，进行模拟和优化分析。

⑤合适的优化方法：选择合适的优化方法和算法，根据问题的特点和复杂性来确定最佳设计。

优化方法：

①多目标优化：机电一体化系统通常涉及多个性能指标，如性能、成本、可靠性等。多目标优化方法可以同时考虑多个目标，寻找权衡的最佳设计。

②参数优化：对于设计变量，使用参数优化方法来确定最佳取值，例如基于梯度的方法、遗传算法、粒子群算法等。

③灵敏度分析：通过灵敏度分析来评估设计变量对性能指标的影响程度，帮助确定优化方向。

④仿真和建模：建立机电一体化系统的数学模型，使用仿真工具来分析不同设计的性能，以确定最佳设计。

⑤实验设计：进行实验设计，通过实际测试和数据收集来验证模型的准确性，并进一步优化设计。

⑥多学科协同优化：机电一体化系统通常涉及多个学科领域的知识，需要建立多学科协同优化模型，协同考虑不同学科的因素。

⑦可靠性优化：考虑可靠性要求时，使用可靠性工程方法来优化设计，以确保系统在各种工作条件下的稳定性和可靠性。

⑧自动化工具：使用自动化设计工具和软件来支持机电一体化设计，加速设计过程并提高设计效率。

⑨循环迭代：机电一体化设计通常需要多次迭代和改进，通过反复的优化和改动来逐步完善设计。

总之，机电一体化设计需要综合考虑多个因素和条件，采用适当的优化方法来实现最佳设计，以满足设计目标和需求。不同项目和应用可能需要不同的方法和策略，因此灵活性和创新性也是优化设计的关键要素。

（三）反求设计

1. 反求设计的基本思想

反求设计的基本思想是从所需的性能指标和需求出发，逆向分析和设计出能够满足这些要求的产品或系统。它与传统的正向设计方法相反，正向设计是从设计概念出发，逐步开发到最终产品；而反求设计则是从产品的性能和需求出发，逆向思考，确定设计参数和结构，以满足特定的性能要求。

（1）反求设计的基本步骤如下。

①明确定义需求：要明确定义产品或系统的性能指标和需求，包括性能参数、功能要求、可靠性要求、成本限制等。这些需求应该是明确、具体、量化的。

②建立数学模型：基于所需性能和需求，建立数学模型，描述产品或系统的行为和特性。这包括物理原理、数学方程、关系等。

③逆向分析：使用逆向分析方法，从需求和性能指标出发，逆向推导出设计参数和结构。这涉及反求设计问题的数学求解，如反问题求解、逆问题求解等。

④验证和调整：验证反求设计得到的参数和结构是否满足需求，如果不满足，需要进行调整和优化，直至满足性能指标和需求。

⑤制定设计方案：基于逆向分析的结果，制定最终的设计方案和规格，包括材料选择、结构设计、控制策略等。

⑥实施设计：根据设计方案，进行产品或系统的实际设计和制造。

（2）反求设计的优点

①可以确保产品或系统满足特定性能和需求，有助于解决复杂的设计问题。

②可以节省时间和资源，避免试错和多次修改设计。

③可以应对变化的需求和不确定性，适用于多学科和跨学科的设计问题。

反求设计通常应用于工程、物理学、数学、计算机科学等领域，特别是在需要满足严格性能要求和复杂性的问题中，具有重要的应用价值。

2. 反求设计的作用

反求设计在工程和科学领域中具有重要的作用，其主要作用包括：

①满足特定需求和性能指标：反求设计的核心目标是满足特定的性能要求和需求。逆向思考和分析可以确保产品或系统满足预定的性能指标，包括性能参数、功能要求、可靠性要求等。

②解决复杂问题：反求设计通常应用于复杂的设计和工程问题，特别是在需要考虑多个变量、多个目标和不确定性的情况下。它可以帮助工程师和科学家更好地理解和解决这些问题。

③节省时间和资源：传统的正向设计方法可能需要多次试验和修改，而反求设计可以通过数学建模和分析，减少试错的机会，从而节省时间和资源。

④适应变化和不确定性：反求设计具有灵活性，可以应对需求的变化和不确定性。它可以通过调整和优化设计参数来适应新的情况和要求。

⑤优化设计：反求设计通常涉及数学求解和优化问题，可以找到最优的设计参数和结构，以最大程度地满足性能指标和需求。

⑥跨学科应用：反求设计方法适用于多学科和跨学科的问题。它可以帮助不同领域的专家协同工作，共同解决复杂的设计挑战。

⑦提高产品质量和可靠性：反求设计有助于提高产品的质量和可靠性，减少后续的故障和维修成本。

反求设计是一种强大的工程和科学工具，可以应对复杂的设计和优化问题，确保产品或系统能够满足特定的性能指标和需求，提高产品质量和市场竞争力。

3. 反求设计的步骤

反求设计是一种系统性的方法，通常包括以下步骤：

①明确问题和需求：需要明确问题的性质和需求，包括所要解决的问题、期望的性能指标、约束条件和可用资源。

②数据采集和分析：收集和分析与问题相关的数据和信息，包括实验数据、观测数据、文献资料等。这些数据将用于建立问题的数学模型和分析问题的特性。

③建立数学模型：基于问题的性质和数据分析，建立数学模型，描述问题的数学关系和约束条件。这涉及差分方程、微分方程、优化模型、统计模型等。

④模型求解：使用数学工具和计算方法对建立的数学模型求解。这包括数值方法、优化算法、模拟方法等。

⑤解的验证：对获得的解进行验证，确保解符合问题的需求和约束条件。这需要进行实验验证或数值模拟。

⑥方案优化：如果解不满足需求，可以使用优化方法来调整和优化设计参数，以达到最佳性能。这需要多次迭代。

⑦实施和测试：将优化的设计方案实施到实际系统或产品中，并进行测试和验证。这一步骤通常需要考虑制造和实施的可行性。

⑧文档和报告：记录整个反求设计过程，包括问题定义、数据分析、模型建立、

求解方法、解的验证、优化过程、实施和测试结果等。这些文档和报告有助于沟通和交流。

⑨维护和改进：持续监测和维护系统或产品，并根据反馈信息进行改进。反求设计是一个循环过程，可以不断优化和改进。

这些步骤通常是交互的，可能需要多次迭代，以达到最佳的设计和性能。反求设计的复杂性取决于问题的性质和需求，可能需要不同领域的专业知识和技能。

（四）绿色设计

1. 绿色设计的基本思想

绿色设计是一种以可持续发展为核心理念的设计方法，旨在降低对环境的不利影响，减少资源浪费，提高产品的生命周期环境性能。其基本思想包括以下几个方面。

①可持续性：绿色设计的核心思想是实现可持续发展，即满足当前需求而不损害未来世代的需求。设计师需要考虑产品的长期影响，包括资源的可持续利用、环境的可持续保护以及社会的可持续受益。

②减少环境影响：绿色设计致力于减少产品在制造、使用和处理阶段对环境的负面影响。这包括减少能源消耗、减少废物产生、减少有害物质排放等，以保护生态系统的完整性和稳定性。

③资源有效利用：绿色设计倡导有效利用有限的自然资源。设计师应尽量减少材料浪费，选择可再生和可回收材料，并优化生产过程以提高资源利用效率。

④生命周期分析：绿色设计考虑产品的整个生命周期，包括设计、制造、运输、使用和处理阶段。通过综合评估这些阶段的环境影响，设计师可以做出更环保的设计选择。

⑤创新和技术发展：绿色设计鼓励创新和技术发展，以寻找更环保的解决方案。这包括新材料的开发、高效能源利用技术的应用以及可再生能源的采用等。

⑥生态系统考虑：绿色设计要求设计师考虑产品与自然生态系统的互动关系。产品设计应尽量减少对生态系统的破坏，并促进生态系统的恢复和平衡。

⑦社会责任：绿色设计包括对社会责任的考虑，即确保产品对社会的影响是积极的。这包括关注产品的安全性、可用性、可维修性和可回收性，以满足用户的需求。

绿色设计的基本思想是通过综合考虑环境、社会和经济因素，寻找最佳的设计方案，以减少资源消耗和环境污染，实现可持续发展。这需要设计师在设计过程中采取创新的方法，同时也需要社会、政府和产业界的支持和参与。

2. 绿色设计的组成

绿色设计是一个涵盖广泛领域的综合性概念，通常包括以下几个组成部分。

①可持续性考虑：绿色设计的核心是考虑可持续性，即满足当前需求而不损害未来世代的需求。这意味着设计师需要考虑产品的整个生命周期，包括资源的可持续利用、环境的可持续保护以及社会的可持续受益。

②环境友好性：绿色设计旨在减少产品对环境的不利影响。这包括减少能源消耗、减少废物产生、减少有害物质排放等。设计师需要选择环保的材料和生产过程，以最小化环境负担。

③资源有效利用：绿色设计鼓励有效利用有限的自然资源。这包括选择可再生和可回收材料，减少材料浪费，并优化生产过程以提高资源利用效率。

④生态系统考虑：绿色设计要求设计师考虑产品与自然生态系统的互动关系。产品设计应尽量减少对生态系统的破坏，并促进生态系统的恢复和平衡。

⑤生命周期评估（LCA）：LCA 是评估产品整个生命周期中环境影响的方法。它包括对设计、制造、运输、使用和处理等阶段的分析，以确定哪些环境因素需要改进。

⑥创新和技术发展：绿色设计鼓励创新和技术发展，以寻找更环保的解决方案。这包括新材料的开发、高效能源利用技术的应用及可再生能源的采用等。

⑦社会责任：绿色设计包括对社会责任的考虑，即确保产品对社会的影响是积极的。这包括关注产品的安全性、可用性、可维修性和可回收性，以满足用户的需求。

⑧法规和标准遵守：绿色设计需要符合相关的环境法规和标准。设计师需要了解并遵守适用的法规，以确保产品的合法性和环保性。

⑨教育和培训：绿色设计需要培养设计师和工程师的环保意识和技能。教育和培训是实现绿色设计的重要组成部分。

绿色设计是一个综合性的设计方法，涵盖了环境、社会和经济等多个方面的因素。它的目标是创建更环保、更可持续的产品和系统，以满足未来的需求和挑战。

（五）虚拟设计

1. 虚拟设计的基本思路

虚拟设计是一种基于计算机技术的设计方法，其基本思路是利用计算机软件和硬件工具，通过建立虚拟模型和仿真环境，来进行产品、系统或过程的设计、分析、验证和优化。虚拟设计的基本思路可以概括如下：

①建立虚拟模型：首先，设计师利用计算机辅助设计（CAD）工具创建产品或系统的虚拟模型。这个虚拟模型包括了所有的设计细节，包括结构、形状、尺寸、材料属性等。

②仿真分析：一旦虚拟模型建立完成，设计师可以使用计算机辅助工程工具对模型进行各种仿真分析。这些分析包括结构分析、流体动力学分析、热分析、电磁分析等，具体取决于设计的性质。

③验证和优化：通过仿真分析，设计师可以评估产品或系统在不同条件下的性能，识别潜在的问题和缺陷。这有助于验证设计是否满足要求，并进行必要的优化，以改进性能和质量。

④快速迭代：虚拟设计允许设计师进行快速的迭代过程。可以在虚拟环境中多次修改和测试设计，而不需要制造实际的原型或样机，从而节省时间和成本。

⑤多学科集成：虚拟设计工具通常支持多学科仿真，允许不同领域的工程师合作解决复杂的设计问题。这有助于在设计过程中综合考虑各种因素。

⑥数据驱动决策：虚拟设计生成大量的数据和分析结果，这些数据可以用来支持决策制定。设计师可以根据数据来做出明智的设计决策，从而提高设计质量。

⑦可视化和沟通：虚拟设计工具通常提供可视化功能，使设计师能够直观地理解和沟通设计概念。这有助于团队成员之间的协作和与客户的沟通。

⑧节约资源：虚拟设计可以减少原型制造和实验测试所需的资源和时间。这有助于降低产品开发成本。

虚拟设计的基本思路是在计算机环境中建立、分析和优化产品、系统或过程，以提高设计效率、降低成本、减少风险，并创造更好的设计。它已广泛应用于各种工程领域，包括机械设计、电子设计、建筑设计、航空航天、汽车工业等。

2. 虚拟设计基本技术

虚拟设计基本技术涵盖了多个方面，包括建模、仿真、数据分析、可视化等。以下是虚拟设计的一些基本技术。

①三维建模：虚拟设计的第一步是创建三维模型。这可以通过计算机辅助设计（CAD）软件完成，设计师使用 CAD 工具来绘制产品的三维几何形状，包括结构、外观和尺寸。

②仿真分析：仿真是虚拟设计的核心技术之一。它包括结构仿真、流体动力学仿真、热仿真、电磁仿真等各种仿真类型。这些仿真工具可以模拟产品或系统在不同条件下的行为，并提供性能数据。

③多学科仿真：多学科仿真是一种集成多种仿真技术的方法，用于分析复杂系统的多方面性能。这可以帮助设计师在考虑多个因素时做出更好的决策。

④数据分析：虚拟设计产生大量数据，包括仿真结果、材料性能、设计变量等。数据分析技术可以用来处理和解释这些数据，以提供有关设计的见解。

⑤优化算法：优化算法用于在设计空间中搜索最佳解决方案。这些算法可以帮助设计师找到满足性能要求的最佳设计参数。

⑥可视化技术：可视化技术用于将虚拟模型和仿真结果可视化，以便设计师直观地理解设计概念和性能。这包括渲染、动画和虚拟现实等技术。

⑦数据管理：虚拟设计需要有效的数据管理系统来存储和跟踪设计数据，以确保团队成员之间的协作和版本控制。

⑧协同工程：协同工程工具允许多个设计师和工程师同时协作设计一个项目。这有助于提高团队协作和设计效率。

⑨可靠性分析：虚拟设计可以用于进行可靠性分析，评估产品或系统的寿命和可靠性，识别潜在的故障模式和风险。

⑩自动化设计：自动化设计工具可以帮助设计师自动生成设计变体，并评估每个变体的性能，从而加速设计过程。

虚拟设计技术的应用领域广泛，包括机械设计、电子设计、建筑设计、航空航天、汽车工业、医疗设备等。这些技术有助于降低设计成本、提高设计效率、减少原型制造和测试的次数，从而加速产品开发，提高设计质量。

第六章 机械传动系统设计

第一节 齿轮传动、轮系传动与带传动设计

一、机械传动系统的功能及要求

机械传动系统是将动力从一个部件传递到另一个部件的系统，其主要功能是实现不同部件之间的运动和力的传递。机械传动系统在各种机械设备和工程中都有广泛的应用，其功能和要求包括以下几个方面：

①传递运动：机械传动系统能够将运动从一个部件传递到另一个部件，例如将旋转运动从电动机传递给机械臂，或将直线运动从驱动装置传递给传送带。

②传递力量：机械传动系统可以传递力量，使一个部件能够对另一个部件施加力，从而完成工作。例如，齿轮传动可以将电动机的扭矩传递给机械装置，以便进行工件的加工。

③变速：机械传动系统可以通过不同大小的齿轮或皮带轮来实现变速功能，以适应不同工况下的运动要求。这使机械设备能够在不同的速度下运行。

④逆转和刹车：传动系统可以通过逆转运动方向或施加制动力来实现机械设备的反向运动和停止。这对于控制机械设备的运动非常重要。

⑤传递角度：有些机械传动系统能够改变运动的传递角度，例如旋转轴向的改变，以满足不同方向上的运动要求。

⑥传递扭矩：传动系统需要能够传递足够的扭矩或力矩，以完成所需的工作任务。这需要合适的传动元件和结构设计。

机械传动系统的要求包括：

①高效性：传动系统应尽量减少能量损失，以提高效率，减少能源消耗。

②稳定性：传动系统应保持稳定的运动和力传递，以确保工作质量和安全。

③精度：一些应用需要高精度的传动，例如数控机床和精密仪器。

④可靠性：传动系统应具有高可靠性，能够长时间运行而不发生故障。

⑤耐磨性：传动元件应具有良好的耐磨性，以延长使用寿命。

⑥噪声和振动控制：传动系统应减小噪声和振动，以提高操作环境的舒适性和安全性。

机械传动系统在机械工程中起着重要的作用，其功能和要求与不同应用领域和具

体任务有关。设计和选择合适的传动系统对于确保机械设备的性能和可靠性至关重要。

二、齿轮传动系统的设计与选择

(一) 齿轮传动分类与特点

齿轮传动是一种常见的机械传动方式，根据齿轮的类型、布局和传动方式的不同，可以分为多种类型，每种类型都具有其特定的特点和应用领域。以下是常见的齿轮传动类型及其特点：

①直齿轮传动

特点：直齿轮的齿轮齿呈直线排列，齿轮轴是平行的。这种传动类型简单、易于制造，传动效率较高。

应用：常用于低速高扭矩传动，如钟表、自行车、汽车变速箱等。

②斜齿轮传动

特点：斜齿轮的齿轮齿呈斜线排列，相比直齿轮传动，它具有更好的平稳性和低噪声特性。

应用：广泛应用于高速传动系统，如汽车差速器、工业机械等。

③蜗轮蜗杆传动

特点：蜗轮蜗杆传动具有高传动比、自锁特性和高传动效率等特点，但传动效率通常较低。

应用：常用于需要减速和固定位置的应用，如车辆制动系统、机械手臂等。

④内齿轮传动

特点：内齿轮传动的齿轮齿呈内外齿结构，常与外齿轮组合使用，实现不同方向的传动。

应用：常用于各种工程机械和汽车传动系统中。

⑤锥齿轮传动

特点：锥齿轮传动主要用于传递轴间的转动，齿轮的齿面呈锥形。

应用：用于传递轴的转动，如汽车后桥、飞机起落架等。

⑥行星齿轮传动

特点：行星齿轮传动包括一个太阳轮、行星轮和外圈齿轮，它具有高传动比、结构紧凑和大扭矩传递能力等特点。

应用：常用于汽车变速器、风力发电机、工程机械等需要高扭矩传递的领域。

⑦减速机

特点：减速机通常包括多个齿轮组合，用于实现不同的传动比，从而提供不同的输出速度和扭矩。

应用：广泛应用于机械设备、汽车、工业机械等领域，用于调整和匹配功率输出。

⑧高精度齿轮传动

特点：高精度齿轮传动通常采用精密制造工艺，具有较高的传动精度和可重复性。

应用：用于需要高精度位置控制的应用，如数控机床、机器人等。

每种齿轮传动类型都有其独特的优点和适用领域，选择合适的齿轮传动类型需要考虑传动比、扭矩要求、噪声要求、空间限制等因素。应根据具体的应用需求，选用不同类型的齿轮传动。

（二）齿轮设计技术要求

齿轮设计是机械工程中重要的一部分，要求精确性和可靠性，因为齿轮传动在众多机械系统中扮演着关键的角色。以下是齿轮设计的一些技术要求。

①传动比的确定：齿轮的传动比是设计的首要目标之一。传动比决定了输出轴的转速和扭矩与输入轴的关系。传动比的选择应根据具体应用来确定，以满足性能要求。

②齿轮的模数：模数是齿轮设计中的关键参数之一，它决定了齿轮的齿数和尺寸。选择合适的模数可以确保齿轮的传动效率和强度。

③齿轮的齿型：齿型是齿轮齿的设计，常见的齿型包括直齿、斜齿、渐开线齿等。齿轮的齿型选择应考虑噪声、传动效率和齿轮强度等因素。

④齿轮的材料：齿轮材料的选择取决于应用领域和要求。常见的齿轮材料包括钢、铸铁、铜合金等。材料的硬度、强度和耐磨性是选择的关键因素。

⑤齿轮的强度计算：齿轮设计需要进行强度计算，以确保齿轮在负载下不会发生损坏。这包括考虑弯曲应力、接触应力、疲劳寿命等因素。

⑥齿轮的精度和加工工艺：齿轮的精度要求取决于应用，高精度齿轮通常需要更高的加工工艺和精密度。加工工艺包括齿轮的切削、磨削、热处理等。

⑦齿轮的润滑和磨损：润滑是齿轮传动中重要的因素，需要考虑齿轮齿面的润滑方式和选用合适的润滑剂。此外，磨损也是齿轮设计中需要关注的问题。

⑧齿轮的噪声和振动：噪声和振动是齿轮传动中常见的问题，需要通过设计和制造来减小。合适的齿型、精度和材料选择可以降低噪声和振动水平。

⑨齿轮的安装和对中：齿轮的正确安装和对中对于传动的性能至关重要。安装误差和对中不良可能导致齿轮传动的性能下降和寿命减短。

⑩齿轮的检测和维护：齿轮传动在运行中需要进行定期检测和维护，以确保性能和可靠性。这包括检查齿轮的磨损、润滑状态和噪声等。

齿轮设计是一个综合性的工程，需要考虑多个因素和参数，以满足特定应用的要求。合理的齿轮设计可以提高传动效率、减小噪声、延长寿命，因此在机械系统设计中至关重要。

（三）齿轮传动形式选择

选择适当的齿轮传动形式是基于具体应用和要求的，以下是常见的齿轮传动形式选择的考虑因素。

①传动比和速度要求

如果需要特定的传动比或速度准确性，需要选择能够提供所需传动比的齿轮传动形式。例如，行星齿轮传动通常用于需要高传动比的应用。

②传动效率

不同的齿轮传动形式具有不同的传动效率。渐开线齿轮和蜗轮蜗杆传动通常具有较高的传动效率，适用于要求高效率的应用。

③噪声和振动要求

对于对噪声和振动敏感的应用，可以考虑使用渐开线齿轮传动，因为它通常具有较低的噪声和振动水平。

④空间限制

如果有空间限制，需要选择紧凑的齿轮传动形式，如行星齿轮传动或内齿轮传动。

⑤制造和成本因素

不同的齿轮传动形式具有不同的制造复杂性和成本。直齿轮传动通常较容易制造，而渐开线齿轮传动可能更复杂，成本也更高。

⑥寿命和可靠性

对于需要长寿命和高可靠性的应用，需要选择耐磨损和高负荷承受能力的齿轮传动形式。

⑦特殊应用需求

在一些特殊应用中，可能需要选择特殊类型的齿轮传动，如蜗轮蜗杆传动用于高传动比，内齿轮传动用于特殊空间要求。

⑧环境条件

考虑应用的环境条件，如温度、湿度和腐蚀性，以选择适合的齿轮材料和润滑方式。

综合考虑以上因素，根据具体应用的需求和约束条件，选择最合适的齿轮传动形式是关键。通常需要进行详细的工程分析和设计来确保选择的传动形式满足性能和可靠性要求。

（四）齿轮传动比的选择

选择齿轮传动比的过程是一个重要的工程决策，它需要综合考虑多个因素，以满足特定应用的需求。以下是选择齿轮传动比的一般步骤。

①明确设计需求：要明确机械系统的设计需求，包括所需的输出速度、输出扭矩以及工作条件等。

②确定输入和输出参数：确定输入速度和扭矩，以及输出速度和扭矩。这些参数通常由驱动源（如电机）和负载（如机械部件）提供。

③计算所需传动比：根据输出速度和输入速度的关系，计算所需的传动比。通常情况下，传动比可以表示为输出速度与输入速度的比值。

④选择齿轮类型：根据具体的应用需求选择适当的齿轮类型，如直齿轮、斜齿轮、渐开线齿轮或行星齿轮等。

⑤考虑效率和功耗：了解所选齿轮类型的效率和功耗，以确保传动系统在性能和能源消耗方面满足要求。

⑥空间和布局限制：考虑机械系统的设计空间和布局限制，以确定适合的传动比。

⑦可靠性和寿命：考虑传动比对系统的可靠性和寿命的影响，特别是在高负载和高速度应用中。

⑧成本和制造复杂性：评估所选传动比对制造成本和制造复杂性的影响，确保在可接受的成本范围内。

⑨性能优化：使用工程分析和计算工具，进行性能优化，以满足设计要求并提高系统性能。

⑩实验验证：进行实验验证，以确保所选传动比的实际性能与设计预期相符。

⑪优化设计：在需要的情况下，通过优化设计方法来确定最佳的传动比，以满足性能、成本和其他要求。

综合考虑以上因素，工程师可以选择适当的传动比，以满足特定应用的需求，并确保传动系统的性能和功能符合设计要求。传动比的选择需要经过仔细分析和设计，以确保系统在实际运行中稳定可靠。

（五）各级传动比的最佳分配

当计算出传动比之后，为了使减速系统结构紧凑，满足动态性能和提高传动精度的要求，需要对各级传动比进行合理分配，其分配原则如下。

1. 重量最轻原则

对于小功率传动系统，使各级传动比相等，即可使传动装置的重量最轻。这个结论是在假定各主动小齿轮模数、齿数均相同的条件下导出的，故所有大齿轮的齿数、模数，每级齿轮副的中心距离也相同，对于大功率传动系统是不适用的，因其传递扭矩大，故要考虑齿轮模数、齿宽等参数要逐级增加的情况，此时应根据经验、类比方法以及结构要求进行综合考虑，各级传动比一般应遵循"先大后小"原则。

2. 输出轴转角误差最小原则

为了提高齿轮传动系统传递运动精度，各级传动比应按"先小后大"原则分配，以便降低齿轮的加工误差、安装误差及回转误差对输出转角精度的影响。设齿轮传动系统中各级齿轮的转角误差换算到末级输出轴上的总转角误差为 $\Delta\Phi_{max}$，则

$$\Delta\Phi_{max} = \sum_i^n \frac{\Delta\Phi_k}{i_{kn}} \tag{6-1}$$

式中：$\Delta\Phi_k$ ——第 k 个齿轮所具有的转角误差；

i_{kn} ——第 k 个齿轮的转轴至 n 级输出轴的传动比。

则四级齿轮传动系统各齿轮的转角误差（ $\Delta\Phi_1, \Delta\Phi_2, \cdots, \Delta\Phi_8$ ）换算到末级输出轴上的总转角误差为

$$\Delta\Phi_{max} = \frac{\Delta\Phi_1}{i_1} + \frac{\Delta\Phi_2 + \Delta\Phi_3}{i_2 i_3 i_4} + \frac{\Delta\Phi_4 + \Delta\Phi_5}{i_3 i_4} + \frac{\Delta\Phi_6 + \Delta\Phi_7}{i_4} + \Delta\Phi_8 \tag{6-2}$$

由此可知，总转角误差主要取决于最末一级齿轮的转角误差和传动比的大小。在设计中，最末两级的传动比应取大一些，并尽量提高最末一级齿轮副的加工精度。

3. 等效转动惯量最小原则

等效转动惯量最小原则是在机械工程中常用的一种优化原则，通常用于设计旋转系统或机械系统中的旋转部分，以实现性能的最优化。这个原则的核心思想是在给定一定的质量分布情况下，通过合理的设计，使系统的等效转动惯量最小化，从而提高系统的动态响应速度和稳定性。

等效转动惯量是一个物体在绕轴旋转时所表现出来的惯性特性，它取决于物体的质量分布以及绕旋转轴的位置。等效转动惯量的计算通常涉及积分和质心的位置等物

理概念。

等效转动惯量最小原则的应用场景包括但不限于：

①机械系统设计：在机械系统设计中，特别是对于需要旋转运动的部分（如飞轮、摆杆等），减小等效转动惯量可以提高系统的动态响应速度，减小振动和冲击。

②机器人设计：在机器人设计中，优化机器人的关节结构和质量分布可以改善其运动性能，包括精确度和速度。

③车辆工程：在汽车或其他交通工具的设计中，考虑车辆部件的质量分布以减小等效转动惯量可以提高悬挂系统的性能和驾驶体验。

④航空航天工程：在飞行器和卫星设计中，减小等效转动惯量可以提高姿态控制系统的性能，使其更容易控制。

要实现等效转动惯量的最小化，需要综合考虑质量分布、材料选择、几何形状以及结构设计等多个因素。通常需要进行复杂的计算和分析，以找到最优解。这是一个典型的工程优化问题，可以借助计算机辅助设计工具进行求解。

三、轮系传动

由一系列相互啮合齿轮所构成的齿轮传动系统称为轮系。根据轮系在运转过程中各齿轮几何轴线在空间的相对位置是否固定，将轮系分为定轴轮系和周转轮系两种基本类型，根据组成轮系的各对齿轮的相对运动空间位置，又可将轮系分为平面轮系和空间轮系。

（一）定轴轮系传动

轮系的传动比，是指输入轴的角速度（或转速）与输出轴的角速度（或转速）之比。在计算轮系传动比时，不仅要求出其传动比的大小，还要确定其首末两轮的转向关系。

1. 平面定轴轮系传动比计算

平面定轴轮系的传动比等于组成该轮系的各对啮合齿轮传动比的连乘积，其大小为各对啮合齿轮中所有从动轮齿数的连乘积与所有主动轮齿数的连乘积之比，其首末两轮转向关系由轮系中外啮合齿轮的齿数决定。

推广到一般情况，设轮系中首末两轮分别用 1 和 n 表示，m 表示外啮合齿轮的对数，则平面定轴轮系传动比为

$$i_{1n} = \frac{\omega_1}{\omega_n} = (-1)^m \frac{所有从动轮齿数的连乘积}{所有主动轮齿数的连乘积} \qquad (6-3)$$

2. 空间定轴轮系传动比计算

在空间定轴轮系中，其各轮轴线并不都是相互平行的，若两轮轴线不平行，其转向关系不能用"＋"或"－"表示。因此，对空间定轴轮系仍可由式（6-3）计算其首末两轮传动比的大小，即

$$i_{1n} = \frac{\omega_1}{\omega_n} = \frac{所有从动轮齿数的连乘积}{所有主动轮齿数的连乘积} \qquad (6-4)$$

但不能用 $(-1)^m$ 确定其转向关系，而只能用画箭头的方法表示。

（二）周转轮系传动

周转轮系是行星齿轮传动系统的一种类型，也被称为行星齿轮减速器或行星齿轮箱。这种传动系统在机械工程中应用广泛，具有很多优点，例如高传动比、紧凑的结构、高扭矩输出等，因此在各种机械装置中常见。

行星齿轮传动系统的主要组成部分包括：

①中心轮（太阳轮）：中心轮是固定在输入轴上的齿轮，其轴线位置不变，通常被称为太阳轮。

②行星轮：行星轮是绕着中心轮（太阳轮）的轴线回转的齿轮，同时也与外部的齿圈啮合。行星轮可以有多个，它们都连接到一个称为行星架的结构上。

③齿圈（外齿圈）：齿圈是行星齿轮系统的外部齿轮。齿圈通常是与外部的机械装置（例如输出轴）相连，用于输出动力。

④行星架：行星架是支撑行星轮的结构，通常是一个框架或支架，它使行星轮能够绕中心轮（太阳轮）的轴线旋转。

行星齿轮传动系统的工作原理是，中心轮（太阳轮）通过输入轴传递动力，行星轮围绕中心轮的轴线旋转，并与齿圈啮合，使齿圈旋转。这种结构产生了高传动比和输出扭矩，同时保持了紧凑的结构。

行星齿轮传动系统常用于需要高扭矩输出和空间有限的应用中，例如汽车变速器、工业机械、机械手臂等。由于其高效率和可靠性，它在各种工程领域中都有广泛的应用。

四、带传动的设计与选择

（一）带传动分类与特点

带传动是一种机械传动方式，通过传送皮带来实现机械运动。带传动通常分为以下几类，每种类型都具有自己的特点。

①平行轴带传动：平行轴带传动是最常见的一种带传动方式。它包括平行轴带传动和交叉带传动两种类型。平行轴带传动主要用于传递动力和运动，例如汽车发动机和车轮之间的传动；交叉带传动将动力传递到非平行轴上，通常用于旋转和传动运动。

②V带传动：V带传动是一种常见的带传动方式，带有V形槽的带子可以提供更好的摩擦和传动效率。V带传动通常用于驱动发动机的配件，如发电机、空调压缩机等。

③齿形带传动：齿形带传动使用带有齿形槽的带子，通常用于高扭矩和高速度传动。齿形带传动在一些工业机械和机床上广泛使用。

④搭接带传动：搭接带传动使用多个带子搭接在一起，以提供更高的传动能力。这种传动方式通常用于需要大扭矩的应用，如重型机械和输送带。

带传动的特点包括：

①简单：带传动通常比其他传动方式更容易安装和维护。

②弹性：带传动可以吸收一定程度的冲击和振动，使其在某些应用中具有优势。

③静音：相对于齿轮传动，带传动通常更安静。

④经济：带传动的制造成本相对较低，适用于一些经济性要求较高的应用。

（二）带传动设计的主要内容

带传动设计是确保带传动系统正常运行和有效传递动力的关键部分。其主要内容包括以下几个方面。

①带的选型：选择适当类型和规格的传动带。带的选型需要考虑传动功率、转速、工作环境、负载等因素。不同类型的带（如 V 带、齿形带等）适用于不同的应用。

②齿轮或滚筒选型：如果带传动系统包括齿轮或滚筒，需要选择合适的齿轮或滚筒，以确保带能够正确啮合，并且传递动力效率高。

③带传动布局：确定带传动的布局，包括带的走向、张紧轮的位置、驱动和被动端的安装等。布局需要考虑带的扭曲、跳动、松弛等问题，以确保传动平稳运行。

④带的张紧：对带进行适当的张紧，以确保带在传动过程中不会滑动或松弛。张紧力的大小需要根据带的类型和工作要求来确定。

⑤带的对中：带的对中非常重要，不正确的对中会导致带的侧向加载，降低传动效率，甚至损坏带和其他传动部件。

⑥带的维护和更换：规定定期检查带传动系统，检查带的磨损程度和张紧力是否适当。带出现磨损或松弛时需要及时更换。

⑦振动和噪声控制：带传动系统可能会产生振动和噪声，需要采取措施来降低振动和噪声水平，以确保工作环境安静和稳定。

⑧温度和润滑：带传动系统在运行过程中会受到温度影响，需要考虑温度变化对带的影响。同时，需要提供适当的润滑来减少摩擦和磨损。

带传动设计的主要目标是确保带传动系统能够稳定、高效地传递动力，同时减少故障和维护成本。因此，设计师需要综合考虑各种因素，以制定合适的带传动方案。

（三）带传动工作能力分析

1. 带传动的受力分析

带传动工作时，传动带以一定的初拉力张紧在带轮上，带在带轮两侧承受相等的初拉力 F_0［图 6-1（a）］；传动时，由于带与轮面间的摩擦力作用，带轮两边的拉力就不再相等［图 6-1（b）］。传动带绕入主动带轮的一边被拉紧，称为紧边，其拉力由 F_0 增大到 F_1；而带的另一边则相应被放松，称为松边，其拉力由 F_0 降至 F_2，两边的拉力差称为带传动的有效拉力，也就是带传动的有效拉力（圆周力）F。

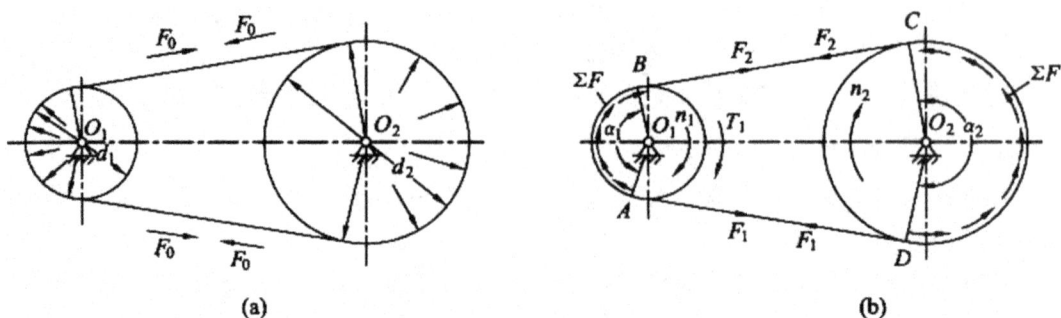

图 6 - 1　带传动的受力分析

以 v 表示带速（m/s），P 表示名义传动功率（kW），则有效拉力为

$$F = F_1 - F_2 = \frac{1000P}{v} \qquad (6-5)$$

若带所传递的圆周力超过带与轮面间的极限摩擦力总和时，带与带轮发生显著的相对滑动，这种现象称为打滑。它使带磨损加剧，从动轮转速降低，甚至停止转动，传动失效。带打滑时，紧边和松边的拉力之比可用欧拉公式表示，即

$$\frac{F_1}{F_2} = e^{\mu\alpha} \qquad (6-6)$$

式中：e——自然对数的底，$e \approx 2.718$；

μ——带与轮面间的摩擦因数；

α——包角，即带与带轮接触弧所对应的圆心角。

若假设带工作时总长度不变，则带紧边拉力的增量等于松边拉力的减量，即

$$F_1 - F_0 = F_0 - F_2$$
$$F_1 + F_2 = 2F_0 \qquad (6-7)$$

由式（6-5）~式（6-7）可得

$$F = 2F_0 \frac{e^{\mu\alpha} - 1}{e^{\mu\alpha} + 1} \qquad (6-8)$$

由上式可知，增大初拉力、增大摩擦因数和增大包角都可以提高带传动的工作能力。

2. 带传动的应力分析

带传动时，带中应力由拉应力、离心拉应力和弯曲应力三部分组成。

（1）拉应力 σ_1、σ_2

紧边拉应力为

$$\sigma_1 = \frac{F_1}{A} \qquad (6-9)$$

松边拉应力为

$$\sigma_2 = \frac{F_2}{A} \qquad (6-10)$$

式中：A——带的截面积（mm^2）。

（2）离心拉应力 σ_e

由离心拉力 F_e 产生的离心拉应力 σ_e 为

$$\sigma_e = \frac{F_e}{A} = \frac{qv^2}{A} \qquad (6-11)$$

式中：q ——带每米长质量（kg/m）；

v ——带速（m/s）。

（3）弯曲应力 σ_b

由带弯曲而产生的弯曲应力 σ_b 为

$$\sigma_b \approx E\frac{h}{d_d} \qquad (6-12)$$

式中：E ——带的弹性模量（N/mm^2）；

h ——带的高度（mm）；

d_d ——带轮的基准直径（mm）。

两个带轮直径不同时，带在小带轮上的弯曲应力比大带轮上的大，带受变应力作用，会发生疲劳破坏，最大应力发生在紧边进入小带轮处，其值为

$$\sigma_{max} = \sigma_1 + \sigma_e + \sigma_{b1}$$

为了保证带具有足够的疲劳寿命，应满足

$$\sigma_{max} = \sigma_1 + \sigma_e + \sigma_{b1} \leqslant [\sigma] \qquad (6-13)$$

3. 带传动的弹性滑动和传动比

带由 A 运动到 B 时，带中拉力由 F_1 降到 F_2，带的弹性伸长相对减少，即带在轮上逐渐缩短，使带轮的速度小于主动轮的圆周速度。在从动轮上，带从 C 运动到 D 时，带中拉力由 F_2 增加到 F_1，带的弹性伸长也逐渐增大，所以以从动轮的圆周速度又小于带速，即 $v_1 > v_带 > v_2$，这种带的弹性变形引起的带与轮间的相对滑动称为弹性滑动。打滑是由过载引起的，是可以避免的。弹性滑动使从动轮圆周速度 v_2 低于主动轮圆周速度 v_1，其相对降低率可用滑动率 ε 表示，即

$$\varepsilon = \frac{v_1 - v_2}{v_1} = \frac{\pi D_1 n_1 - \pi D_2 n_2}{\pi D_1 n_1} = \frac{D_1 n_1 - D_2 n_2}{D_1 n_1}$$

由此得带传动的传动比为

$$i = \frac{n_1}{n_2} = \frac{D_2}{D_1(1 - \varepsilon)} \approx \frac{D_2}{D_1} \qquad (6-14)$$

式中：n_1、n_2 ——主、从动轮的转速（r/min）；

D_1、D_2 ——主、从动轮的直径（mm）。

因为 ε 值很小，为 $0.01 \sim 0.02$，一般计算中可不予考虑。

第二节　链传动与螺旋传动设计

一、链传动设计与选择

（一）链传动的特点

链传动是由主、从动链轮和绕在链轮上的链所组成。这种传动是用链作为中间挠性件，通过链与链轮轮齿的啮合来传递运动和动力的。

链传动和带传动相比，链传动没有弹性滑动和打滑，能保持准确的平均传动比；传动尺寸比较紧凑；不需要很大的张紧力，作用在轴上的载荷也小；承载能力大、效率高，以及能在温度较高、湿度较大的环境中使用等。

通常，链传动的传动功率小于 100 kW，链速小于 15 m/a，传动比不大于 8，先进的链传动传动功率可达 5000 kW，链速达到 35 m/a，最大传动比可达到 15。

链传动的缺点是：高速运转时不够平稳；传动中有冲击和噪声；不宜在载荷变化很大和急促反向的传动中使用；只能用于平行轴间的传动；安装精度和制造费用比带传动高。

（二）链传动的类型和结构特点

按照结构的不同，传动链可分为短节距精密滚子链（简称"滚子链"）和齿形链两种。滚子链由内链板、外链板、销轴、套筒和滚子组成。内链板与套筒、外链板与销轴分别用过盈配合连接，形成内链节和外链节。销轴与套筒、套筒与滚子之间为间隙配合，形成铰链而可以自由转动。链条工作时，滚子与链轮轮齿间的滚动摩擦有利于改善磨损情况，故滚子链具有较长的使用寿命。

滚子链的主要参数为节距 p，其他参数还有滚子直径 d_1、内链节内宽 b_1、销轴直径 d_2 等。当传递功率较大时，可采用多排链，这时主要参数还有排距 p_t。

滚子链的接头形式。当链条链节数为偶数时，接头处恰好是内链板与外链板，可直接相连并用开口销或弹簧锁片将销轴锁紧。若链节数为奇数时，则需采用过渡链节。过渡链节的链板在工作时受附加弯矩，故应尽量避免采用奇数链节。

滚子链的应用广泛，但不宜用于传动装置的高速级，一般适用于传递功率 $P \leqslant 100$ kW、链速 $v \leqslant 15$ m/s、传动比 $i \leqslant 6$ 的场合。

齿形链是由铰链将一组带有两个齿的链板连接而成的，链板两侧工作面为直边，两工作面夹角一般为 60°，工作时链齿外侧边与链轮轮齿相啮合实现传动。为防止工作时链条从链轮脱落，链条上制有导向板，分为内导向板和外导向板两种形式。和滚子链相比较，齿形链工作时链齿的直边工作面是逐渐进入和退出啮合的，工作平稳、噪声小、允许链速较高，因此亦称为无声链；但其结构复杂、质量重、价格较贵，对安装维护的要求亦较高，故多用于高速、大功率、高精度传动场合。

（三）链传动的运动特性

1. 链传动的运动不均匀性

链传动虽然是啮合传动，但链与链轮不是共轭啮合，而且由于多边形效应，一般只能保证平均传动比是常数，而无法保证瞬时传动比为常数。

将链与链轮的啮合，视为链呈折线包在链轮上，形成一个局部正多边形。该正多边形的边长为链节距 p。链轮回转一周，链移动的距离为 zp，故链的平均速度 v 为

$$v = n_1 z_1 p = n_2 z_2 p \tag{6-15}$$

式中：p ——链节距；

z_1、z_2——主、从动链轮的齿数；

n_1、n_2——主、从动链轮的转速。

由上式可得链的平均传动比为

$$i = \frac{n_1}{n_2} = \frac{z_2}{z_1} \tag{6-16}$$

2. 链传动的动载荷

链和从动链轮均做周期性的加、减速运动，必然引起动载荷，加速度越大，动载荷也越大。加速度为

$$a = \frac{\mathrm{d}v}{\mathrm{d}t} = -\frac{d_1}{2}\omega_1 \sin\beta \frac{\mathrm{d}\beta}{\mathrm{d}t} = -\frac{d_1}{2}\omega_1^2 \sin\beta$$

当 $\beta = \pm\dfrac{\varphi_1}{2}$ 时，具有最大加速度，即

$$a_{max} = \pm\frac{d_1}{2}\omega_1^2 \sin\frac{\varphi_1}{2} = \pm\frac{d_1}{2}\omega_1^2 \sin\frac{180°}{z_1} = \pm\frac{\omega_1^2}{2} \tag{6-17}$$

可见链轮转速越高，链节距越大，链的加速度也越大，动载荷就越大，同理，v_1' 变化使链产生上、下抖动，也产生动载荷。

另外，链节进入链轮的瞬时，链节与链轮齿以一定的相对速度啮合，因此链与链轮将受到冲击，并产生附加动载荷。

动载荷效应使传动产生振动和噪声，并随着链轮转速的增加和链节距的增大而加剧，因此链传动不宜用于高速场合。

（四）链传动的受力分析

忽略动载荷的影响，链传动中的主要作用力有以下三种：

1. 有效拉力 F

$$F = \frac{P}{v} \tag{6-18}$$

式中：P ——链传递的功率；

v ——链速。

2. 离心拉力 F_C

$$F_C = qv^2 \tag{6-19}$$

式中：q——链单位长度质量。

当 $v < 7 \text{ m/s}$ 时，F_C 可以忽略。

3. 悬垂拉力 F_y

水平传动时，有

$$F_y \approx \frac{1}{f} \frac{qga}{2} \frac{a}{4} = \frac{qga}{8\left(\frac{f}{a}\right)} = K_f qga \qquad (6-20)$$

式中：f——链条垂度；

$\quad\quad g$——重力加速度；

$\quad\quad a$——中心距；

$\quad\quad K_f$——垂度系数。

当两链轮中心连线与水平面有倾斜角时，同样用上式计算悬垂拉力，只是给出的 K_f 不同。不同倾斜角的 K_f 如表 6-1 所示。

表 6-1　不同倾斜角的 K_f

中心连线与水平面倾斜角	0°	20°	40°	60°	80°	90°
K_f	6.0	5.9	5.2	3.6	1.6	1.0

链的紧边拉力 F_1 和松边拉力 F_2 分别为

$$F_1 = F + F_C + F_y$$

$$F_2 = F_C + F_y$$

链传动是啮合传动，作用在轴上的载荷 F_Q 不大，可近似按下式计算：

$$F_Q = 1.2 K_A F \qquad (6-21)$$

式中：K_A——工作情况系数（表 6-2）。

表 6-2　工作情况系数 K_A

工作机情况		原动机		
		电动机、汽轮机、内燃机（有液力变矩器）	频繁启动电动机、六缸及以上内燃机	六缸以下内燃机
载荷平稳	平稳载荷的输送机、离心式泵和压缩机、印刷机、自动扶梯、液体搅拌机、风机、旋转干燥机	1.0	1.1	1.3
中等冲击	载荷不均匀的输送机、三缸（或以上）往复泵和压缩机、固体搅拌机和混合机、混凝土搅拌机	1.4	1.5	1.7

工作机情况		原动机		
		电动机、汽轮机、内燃机（有液力变矩器）	频繁启动电动机、六缸及以上内燃机	六缸以下内燃机
严重冲击	刨床、压床、剪床、石油钻采设备、轧机、球磨机、橡胶加工机械、单（双）缸泵和压缩机	1.8	1.9	2.1

二、螺旋传动设计与选择

（一）螺旋传动分类与特点

螺旋传动是一种常见的机械传动方式，它通过螺旋齿轮的啮合来传递动力和运动。螺旋传动可以分为两种主要类型：螺旋伞齿轮传动和螺旋斜齿轮传动，它们具有各自的特点和应用领域。

①螺旋伞齿轮传动

特点：

- 螺旋伞齿轮的齿面呈螺旋线形，与轴线呈一定角度，通常为 45°。
- 具有高传动效率、平稳的工作特性和较低的噪声水平。
- 螺旋伞齿轮可以承受较大的径向力和轴向力。
- 适用于高负载和高精度要求的应用，如机床和工程机械等。

应用领域：

常用于需要高传动效率和精确定位的工业应用中。例如，车辆传动系统、食品加工机械、印刷机械等领域。

②螺旋斜齿轮传动

特点：

- 螺旋斜齿轮的齿面也呈螺旋线形，但与轴线的角度通常小于螺旋伞齿轮，一般为 15°~30°。
- 具有平稳的工作特性、较高的传动效率、相对低的噪声水平。
- 适用于一些中等负载和中等精度要求的应用。
- 由于齿轮间的啮合角度较小，对轴向力的承受能力较差。

应用领域：

常用于工业机械和汽车传动系统中。例如，汽车变速箱、输送机、输送带驱动等领域。

总的来说，螺旋传动具有高效率、平稳性和低噪声的优点，因此在机械传动中得到广泛使用。选择螺旋传动类型取决于具体的应用需求，包括负载大小、精度要求、空间限制和成本等因素。

（二）滑动螺旋传动

1. 滑动螺旋传动的失效形式和常用材料

（1）滑动螺旋传动的失效形式

滑动螺旋传动是一种特殊类型的螺旋传动，它的齿轮齿面没有直接啮合，而是通过滑动来传递动力。由于滑动螺旋传动的工作原理和材料摩擦润滑等因素的影响，它可能会出现一些特定的失效形式，主要包括以下几种。

①磨损：由于滑动螺旋传动中的齿轮齿面之间存在相对滑动，长时间的摩擦作用会导致齿轮表面的磨损。这种磨损可能会降低传动效率并缩短齿轮的使用寿命。

②热损伤：由于摩擦和滑动，滑动螺旋传动的齿轮在运行过程中可能会受到热损伤。摩擦和过高的温度可以导致齿轮材料的变质和热膨胀，从而影响传动性能。

③动态荷载：滑动螺旋传动在运行中可能会受到动态荷载的影响，如冲击负载或突然的负载变化。这些动态荷载可能导致齿轮的损伤或断裂。

④润滑问题：滑动螺旋传动通常需要良好的润滑来减少摩擦和磨损。如果润滑不足或不合适，可能会导致传动部件过早失效。

⑤材料问题：滑动螺旋传动的齿轮材料选择很重要。如果选择的材料不耐磨或不适合高温工作环境，可能会导致失效。

因此，在设计和运行滑动螺旋传动时，需要特别注意这些失效形式，并采取适当的措施，如选择合适的材料、提供足够的润滑、减小动态荷载等，以提高传动的可靠性和齿轮的使用寿命。

（2）常用材料

根据滑动螺旋传动的受载情况及失效形式，螺杆材料要有足够的强度和耐磨性。螺母材料除要有足够的强度外，还要求在与螺杆配合时摩擦系数小和耐磨。螺旋传动常用材料如表6-3所示。

表6-3　螺旋传动常用材料

螺旋副	材料牌号	热处理	应用
螺杆	45、50、Q235、Q275		适用于轻载、低速、精度要求不高的传动
	45 Y40、Y40Mn 40Cr、40CrMn 65Mn	正火或调质 时效 调质或淬火、回火 淬火、回火	适用于重载、转速较高、中等精度重要传动
	T10、T12 20CrMnTi	调质、球化 渗碳、高频感应加热淬火	适用于高精度重要传动
	9Mn2V、CrWMn 38CrMoAl	淬火、回火 渗氮	尺寸稳定性好，适用于精密传导螺旋传动

续表

螺旋副	材料牌号	热处理	应用
螺母	35、球墨铸铁、耐磨铸铁	—	适用于轻载、低速、精度要求不高的传动
	锡青铜	—	耐磨性好，适用于中等精度的重要传动
	铝青铜 铝黄铜	—	耐磨性好、强度高，适用于重载、低速传动
	钢或铸铁 内螺纹表面覆青铜或轴承合金	—	尺寸较大，适用于高速传动

2. 滑动螺旋传动的设计计算

滑动螺旋传动是根据其主要失效形式来确定设计计算方法的。滑动螺旋的主要失效形式是螺纹磨损。在设计时，应根据螺旋传动的工作条件及传动要求，选择不同的设计准则，进行必要的设计计算。

（1）耐磨性计算

滑动螺旋的磨损与螺纹工作面上的压力、滑动速度、螺纹表面粗糙度及润滑状态等因素有关。一般螺母材料比螺杆材料软，所以磨损主要发生在螺母螺纹表面。耐磨性计算主要限制螺纹工作面上的压力 p，使其小于材料的许用压力 $[p]$。

假设作用于螺杆上的轴向力为 F，被旋合的螺纹工作表面均匀承受，则其工作面上的耐磨条件为

$$p = \frac{F}{A} = \frac{F}{\pi d_2 h Z} = \frac{FP}{\pi d_2 h H} \leqslant [p] \qquad (6-22)$$

式中：A ——螺纹承压面积；

F ——作用于螺杆的轴向力；

d_2 ——螺纹的中径；

P ——螺距；

h ——螺纹的工作高度；

Z ——旋合圈数，$Z = \dfrac{H}{P}$；

H ——螺母高度；

$[p]$ ——许用压力（表 6-4）。

表6-4 滑动螺旋副材料的滑动速度、许用压力 [p] 和摩擦系数 μ

螺杆-螺母的材料	滑动速度/（m/min）	许用压力/MPa	摩擦系数 μ
钢-青铜	低速	18~25	0.08~0.10
	≤3.0	11~18	
	6~12	7~10	
	>15	1~2	
淬火钢-青铜	6~12	10~13	0.06~0.08
钢-铸铁	<2.4	13~18	0.12~0.15
	6~12	4~7	
钢-耐磨铸铁	6~12	6~8	0.10~0.12
钢-钢	低速	7.5~13	0.11~0.17

式（6-22）用于校核计算。为了导出设计计算式，令 $\varphi = \dfrac{H}{d_2}$，代入式（6-22），整理后可得

$$d_2 \geqslant \sqrt{\frac{FP}{\pi h \varphi [p]}} \qquad (6-23)$$

对于矩形和梯形螺纹，取 $h = 0.5P$；锯齿形螺纹，取 $h = 0.75P$。

螺母高度为

$$H = \varphi d_2 \qquad (6-24)$$

式中：φ——对于整体螺母，由于磨损后间隙不能调整，φ 为 1.2~2.5；对于剖分式螺母，φ 为 2.5~3.5；传动精度较高，要求寿命较长时，允许取 φ 为 4。

根据公式求得螺纹中径后，应按国家标准选取相应的公称直径 d 及螺距 P。螺纹旋合圈数不宜超过 10 圈。

螺纹几何参数确定后，对于有自锁要求的螺旋副，还应校核其是否满足自锁条件，即

$$\psi \leqslant \rho_v = \arctan \frac{\mu}{\cos\left(\dfrac{\alpha}{2}\right)} \qquad (6-25)$$

式中：ψ——螺纹升角；

ρ_v——当量摩擦角；

μ——滑动螺旋副摩擦系数（表6-4）；

$\dfrac{\alpha}{2}$——牙型半角。

（2）螺纹牙的强度计算

螺纹牙多发生剪切和弯曲破坏，一般螺母材料强度低于螺杆，故只需验算螺母螺纹的强度。

螺母轴向载荷为 F，旋合圈数为 Z，假设各圈螺纹受载相等，则每圈螺纹承受的载

荷为 $\dfrac{F}{Z}$，作用于螺纹中径上。将螺母一圈螺纹展开，则可看作宽度为 πD、高度为 b 的悬臂梁。螺纹牙危险截面的抗剪强度条件为

$$\tau = \frac{F}{\pi DbZ} \leqslant [\tau] \qquad (6-26)$$

螺纹牙危险截面的抗弯强度条件为

$$\sigma_b = \frac{6Fa}{\pi Db^2 Z} \leqslant [\sigma] \qquad (6-27)$$

式中：D——螺母的螺纹大径；

b——螺纹牙根部厚度，对于矩形螺纹，$b = 0.5P$；对于梯形螺纹，$b = 0.65P$，对于 $3°/30°$ 锯齿形螺纹，$b = 0.75P$，P 为螺距；

a——弯曲力臂，$a = \dfrac{D - D_2}{2}$，D_2 为螺纹中径；

$[\tau]$——许用切应力（MPa）（表 6-5）；

$[\sigma_b]$——许用弯曲应力（MPa）（表 6-5）。

表 6-5　螺杆和螺母的许用应力

材料		许用应力		
		$[\sigma]$	$[\tau]$	$[\sigma_b]$
螺杆	钢	$\dfrac{\sigma_s}{3 \sim 5}$	—	—
螺母	青铜	—	$30 \sim 40$	$40 \sim 60$
	耐磨铸铁	—	40	$50 \sim 60$
	灰铸铁	—	40	$45 \sim 55$
	钢	—	$0.6[\sigma]$	$1 \sim 1.2[\sigma]$

（3）螺杆的强度计算

螺杆工作时承受轴向拉力或压力 F 和转矩的联合作用，根据第 4 强度理论求出其危险截面的当量应力，强度条件为

$$\sigma_v = \sqrt{\sigma^2 + 3\tau^2} = \sqrt{\left(\frac{4F}{\pi d_1^3}\right)^2 + 3\left(\frac{T}{0.2d_1^3}\right)^2} \leqslant [\sigma] \qquad (6-28)$$

式中：d_1——螺杆螺纹小径；

T——螺杆所受转矩，为螺杆螺纹中径；

$[\sigma]$——许用应力（MPa）（表 6-5）。

（4）受压螺杆的稳定性计算。

对于长径比大的受压螺杆，当轴向压力超过某一临界值时，螺杆就会突然发生侧向弯曲而失稳，故需验算其稳定性。螺杆稳定性条件为

$$\frac{F_c}{F} \geqslant 2.5 \sim 4 \qquad (6-29)$$

式中：F_c——螺杆的稳定临界载荷（N）。

当 $(\frac{\beta l}{i}) > 85 \sim 90$ 时，取

$$F_C = \frac{\pi^2 E I_a}{(\beta l)^2} \quad\quad\quad (6-30)$$

式中：l ——螺杆的最大工作长度（mm）；

    β ——螺杆长度系数，与螺杆两端支承形式有关，取值范围为 $0.5 \sim 2.0$；

    E ——螺杆材料的弹性模量（MPa）；

    I_a ——螺杆危险截面的惯性矩（mm^4），$I_a = \frac{\pi d_1^4}{64}$；

    i ——螺杆危险截面的惯性半径（mm），$i = \sqrt{\frac{I_a}{A}} = \frac{d_1}{4}$，其中，$A$ 为螺杆危险截面的面积（mm^2），$A = \frac{\pi d_1^2}{4}$。

当 $(\frac{\beta l}{i}) < 90$，材料为未淬火钢时，取

$$F_C = \frac{340 i^2}{i^2 + 0.00013(\beta l)^2} \frac{\pi d_1^2}{4} \quad\quad\quad (6-31)$$

当 $(\frac{\beta l}{i}) < 840$，材料为淬火钢时，取

$$F_C = \frac{480 i^2}{i^2 + 0.0002(\beta l)^2} \frac{\pi d_1^2}{4} \quad\quad\quad (6-32)$$

当 $(\frac{\beta l}{i}) < 40$ 时，不必进行稳定性计算。经计算若不满足稳定性条件，应增大 d 再计算。

（三）滚动螺旋传动

滚动螺旋传动又称滚动丝杠副或滚动丝杠传动，其螺杆与旋合螺母的螺纹滚道间置有适量滚动体，使螺纹间形成滚动摩擦。在变动螺旋的螺母上有滚动体返回通道，与螺纹滚道形成闭合回路，当螺杆（或螺母）转动时，滚动体在螺纹滚道内循环。由于螺杆和螺母之间为滚动摩擦，提高了螺旋副的效率和传动精度。

1. 滚珠丝杠副结构类型及选择

滚珠丝杠副是一种常用于线性运动传动的装置，它由丝杠和滚珠螺母两部分组成，其中丝杠通常是一个螺纹轴，滚珠螺母则含有滚珠，通过滚动来实现线性运动。根据不同的结构类型和用途，滚珠丝杠副可以分为以下几种类型。

①单头滚珠丝杠副：单头滚珠丝杠副在一端有一个螺母，另一端开口。这种类型适用于需要单向线性运动的应用，如升降机构。

②双头滚珠丝杠副：双头滚珠丝杠副在两端都有螺母，可以实现双向线性运动。它通常用于需要来回运动的应用，如数控机床。

③支撑式滚珠丝杠副：支撑式滚珠丝杠副在丝杠周围有一个支撑轴承，可以提供更好的刚性和负载承载能力。这种类型适用于需要高精度和高负载的应用，如精密

仪器。

④内置式滚珠丝杠副：内置式滚珠丝杠副的螺母嵌套在丝杠内部，外形更加紧凑。这种类型适用于有空间限制的应用。

⑤高精度滚珠丝杠副：高精度滚珠丝杠副采用高精度的滚珠和丝杠，可以实现更高的精度和重复性。它常用于需要高精度定位的应用，如半导体设备。

在选择滚珠丝杠副时，需要考虑以下因素。

①负载要求：根据需要承受的负载大小选择合适的滚珠丝杠副类型和规格。

②精度要求：根据应用的精度要求选择高精度或普通精度的滚珠丝杠副。

③运动速度：根据需要的线性运动速度选择合适的丝杠和螺母。

④环境条件：考虑工作环境的温度、湿度和腐蚀性，选择合适的材料和润滑方式。

⑤空间限制：根据安装空间的限制选择合适的滚珠丝杠副类型和尺寸。

⑥预算：考虑预算限制，选择经济实用的滚珠丝杠副。

2. 滚珠丝杠副主要尺寸的计算

（1）珠丝杠副结构的选择

滚珠丝杠副的结构选择通常取决于具体的应用要求和设计考虑因素。以下是一些常见的滚珠丝杠副结构及其特点。

①单头滚珠丝杠副

- 结构简单，成本较低。
- 适用于轻载、低速度、低精度的应用。
- 只有一个螺杆头，通常由一端支撑，另一端自由运动。

②双头滚珠丝杠副

- 有两个螺杆头，可以在两端支撑，增加了稳定性和刚性。
- 适用于中等负载和速度的应用。
- 常用于需要更高精度和稳定性的工业机械。

③支撑式滚珠丝杠副

- 滚珠丝杠的两端都支撑在底座上，提供更好的刚性和稳定性。
- 适用于高负载、高速度、高精度的应用。
- 常用于数控机床、自动化装置等高要求的工程。

④内外循环滚珠丝杠副

- 滚珠循环在螺母内外两侧进行，提供更大的负载能力和刚性。
- 适用于极高负载和速度的应用。
- 常见于大型机械设备和工业自动化系统。

⑤悬挂式滚珠丝杠副

- 悬挂式滚珠丝杠通常用于垂直负载应用，支撑在底座的上部。
- 适用于需要垂直移动的应用，如升降平台、升降机等。

选择滚珠丝杠副结构时，需要考虑负载、速度、精度、刚性、工作环境、可维护性等因素。不同的结构类型具有不同的特点和适用范围，因此应根据具体需求来进行选择，并确保所选结构能满足设计要求。同时，还要注意适当的润滑和维护以确保系统的长期可靠性和性能稳定性。

（2）按疲劳寿命选用

当滚珠丝杠副承受轴向载荷时，滚珠与滚道型面间便产生接触应力。对滚道型面上某一点而言，其应力状态是交变压力。在这种交变接触应力的作用下，经过一定的应力循环次数后，就会使滚珠或滚道型面产生疲劳点蚀。在设计滚珠丝杠副时，必须保证在一定的轴向载荷作用下，回转 100 万转后，在其滚道上没有受滚珠的压力而导致的点蚀现象，此时所能承受的轴向载荷，称为这种滚珠丝杠副的最大动载荷。

设计在较高速度下长时间工作的滚珠丝杠副时，因疲劳点蚀是其破坏形式，故应按疲劳寿命选用，首先从工作载荷 F 推算出最大动载荷 C_a：

$$L = \left(\frac{C_a}{F}\right)^3 \tag{6-33}$$

$$C_a = \sqrt[3]{L} \times F \tag{6-34}$$

式中：C_a——最大动载荷（N）；

$\quad F$——工作载荷（N）；

$\quad L$——寿命（以 100 万转为 1 个单位，如 1.5 即 150 万转）。

L 按下式计算：

$$L = \frac{60 \times n \times T}{10^6} \tag{6-35}$$

式中：n——滚珠丝杠副的转速（r/min）；

$\quad T$——使用寿命（h）。

各类机器的使用寿命如表 6-6 所示。

表 6-6　各类机器的使用寿命

机器类别	使用寿命 T/h	机器类别	使用寿命 T/h
通用机械	5 000 ~ 10 000	仪器装置	15 000
普通机床	10 000	航空机械	1 000
自动控制机械	15 000	—	—

如果工作载荷 F 和转速 n 有变化，则需要算出平均载荷 F_m 和平均转速 n_m：

$$F_m = \left(\frac{F_1^3 n_1 t_1 + F_2^3 n_2 t_2 + \cdots}{n_1 t_1 + n_2 t_2 + \cdots}\right) \tag{6-36}$$

$$n_m = \frac{n_1 t_1 + n_2 t_2 + \cdots}{t_1 + t_2 + \cdots} \tag{6-37}$$

式中：F_1、F_2——工作载荷（N）；

$\quad n_1$、n_2——转速（r/min）；

$\quad t_1$、t_2——时间（h）。

如果工作载荷在 F_{min} 和 F_{max} 之间单调连续或周期单调连续变化，其平均载荷 F_m 可按下面的近似公式计算：

$$F_m = \frac{2F_{max} + F_{min}}{3} \tag{6-38}$$

式中：F_{max} ——最大工作载荷（N）；

F_{min} ——最小工作载荷（N）。

如果考虑滚珠丝杠副在运转过程中有冲击振动并考虑滚珠丝杠的硬度对其寿命的影响，则最大动载荷 C_a 的计算公式可修正为

$$C_a = \sqrt[3]{L} f_W f_H F \tag{6-39}$$

式中：f_W ——运转系数（表6-7）；

f_H ——硬度系数（表6-8）。

表6-7　运转系数 f_W

运转状态	运转系数 f_W
无冲击的圆滑运转	1.0～1.2
一般运转	1.2～1.5
有冲击的运转	1.5～2.5

表6-8　硬度系数 f_H

硬度 HRC	60	57.5	55	52.5	50	47.5	45	42.5	40	30	25
硬度系数 f_n	1.0	1.1	1.2	1.4	2.0	2.5	3.3	4.5	5.0	10	15

3. 滚珠丝杠副常用的材料

滚珠丝杠副常用的材料及其主要特性与应用场合见表6-9。

表6-9　滚珠丝杠副常用的材料及其主要特性与应用场合

材料	主要特性	应用场合
GCr15	耐磨性好、接触强度高，弹性极限高，淬透性好；淬火后组织均匀，硬度高	用于制造各类机床、通用机械、仪器仪表、电子设备等配套的滚珠丝杠副
GCr15SiMn	淬透性更好，同时具有 GCr15 的优良特性	尤其适用于大型机械、重型机床、仪器仪表、电子设备等配套的滚珠丝杠副
9M2V	具有极高的回火稳定性，淬火后的硬度较高，耐磨性好，但退火状态硬度仍较高，加工性能差	适用于长径比较大，精度保持性高，在常温下工作的精密滚珠丝杠副
CrWMn	淬透性、耐磨性好，淬火变形小，但淬火后直接冰冷处理时容易产生裂纹，磨削性能差	用于 d 为 40～80 mm、长度 $L \leqslant 2$ m 的普通机械装置的滚珠丝杠副
3Cr13 4Cr13	淬透性好，硬度高，耐磨，耐腐蚀	用于有高强度和高硬度要求，在弱腐蚀场合下工作的滚珠丝杠副
38CrMoAl	经氮化处理后，表面具有较高的硬度、耐磨性和抗疲劳强度，且具有一定的抗腐蚀能力；当采用离子氮化工艺时，零件变形更小，耐磨性更高	用于制造高精度、耐磨性好、抗疲劳强度高、较大长径比的滚珠丝杠副

第三节 自动给料机构与轴系部件设计

一、自动给料机构

给料机构的任务就是自动地把待加工工件定时、定量、定向地送到加工、装配、测试设备的相应位置，以便缩短辅助时间、提高劳动生产率、稳定产品质量和改善劳动条件。

根据其工作原理和结构特点，可以将自动给料机构分为以下几种主要类型。

①振动给料机：振动给料机通过振动机构将材料传送到所需位置。它通常包括振动器、漏斗或箱体、传送槽等组件。振动机构产生的振动使材料在槽内移动，从而实现输送或分配。

②螺旋给料机：螺旋给料机使用螺旋螺杆来将材料从一个位置输送到另一个位置。螺旋螺杆通常位于一个管道或槽内，当螺旋旋转时，材料沿着螺旋前进。

③带式给料机：带式给料机使用一个运行的传送带来输送材料。这种类型的给料机常见于工业中，用于输送大量的材料，如矿石、颗粒或散装货物。

④料斗给料机：料斗给料机通常由一个料斗和一种控制装置组成，用于将材料从料斗中释放或分配到需要的位置，常用于粉状或颗粒状材料的输送。

⑤气力输送系统：气力输送系统使用气流来输送材料，通常用于粉状材料的输送。

⑥旋转给料机：旋转给料机通常由一个旋转的转盘或滚筒组成，材料被放置在转盘上并被旋转到需要的位置。这种类型的给料机常用于装配线和自动化生产中。

⑦输送机械臂：输送机械臂是一种具有多关节和动作自由度的机械臂，用于在工厂和仓储环境中抓取、搬运和输送物品。

每种自动给料机构都有其适用的场景和优点，选择时取决于材料的性质、输送距离、输送速度以及生产需求等因素。此外，自动给料机构的结构和工作原理也会因类型的不同而有所变化，以适应不同的应用需求。

二、轴系部件设计与选择

轴系部件的设计与选择在机械设计中非常重要，因为轴承负责传递动力和支撑旋转部件，对机械系统的性能和寿命有着重要影响。轴系部件的设计与选择应根据具体的应用需求来进行。使用工程计算和模拟工具可以帮助确定最佳轴的尺寸和材料，以确保机械系统的稳定性、寿命和性能。此外，根据轴的使用情况，还需要定期维护和检查以确保安全和可靠性。

（一）主轴轴系的基本要求

主轴轴系在机械加工和工业生产中起着关键作用，因此其设计和要求对于机床和加工设备的性能至关重要。以下是主轴轴系的基本要求。

①高刚性：主轴轴系应具有足够的刚性，以抵抗加工过程中的各种力和扭矩，确

保工件的精确加工和高质量的表面光洁度。

②高精度：主轴轴系的精度要求非常高，特别是对于需要进行精密加工的应用。轴承、轴套、螺纹和其他部件的加工和装配都必须具备高精度。

③高稳定性：主轴轴系的稳定性对于避免振动和共振非常重要。它可以通过设计稳定的支撑结构、减振措施和均衡工程来实现。

④高承载能力：主轴轴系必须能够承受工作负荷，包括径向负荷和轴向负荷。轴承的选择和设计应确保其足够的承载能力。

⑤高速度范围：主轴轴系通常需要在不同的转速范围内工作。因此，它必须能够在高速和低速下提供稳定和可靠的性能。

⑥低磨损和高寿命：主轴轴系的部件应具有良好的耐磨性，以延长使用寿命。此外，润滑系统的设计也非常重要，以确保轴承和轴套得到适当的润滑和冷却。

⑦快速切换和工具更换：对于机床等自动化设备，主轴轴系应具备快速切换工具和工件的能力，以提高生产效率。

⑧低噪声和低振动：减少噪声和振动对于操作员的健康和设备的寿命都非常重要。因此，主轴轴系的设计应包括噪声和振动控制措施。

⑨易于维护和保养：主轴轴系的部件应易于维护和更换。这包括方便的润滑系统、可拆卸的轴承等。

⑩安全性：主轴轴系的设计应考虑安全因素，以防止事故和意外伤害。这包括安全遮盖、紧急停机装置等。

（二）轴的常用材料

轴是机械系统中的关键部件，通常需要具备一定的强度、耐磨性、耐腐蚀性和其他特定特性，以满足不同应用的需求。常用的轴材料包括但不限于以下几种。

①合金钢：合金钢是最常见的轴材料之一。它具有良好的强度、硬度和耐磨性，适用于多种应用，如汽车发动机、机械加工、航空航天和军事设备。

②不锈钢：不锈钢具有良好的耐腐蚀性和抗氧化性，因此常用于需要抵抗腐蚀的环境，如食品加工设备、化工设备和海洋应用。

③铝合金：铝合金轴轻量化，适用于要求减轻重量的应用，如航空航天、汽车制造和自行车。

④黄铜：黄铜是一种具有良好的导热性和导电性的材料，常用于电气和电子设备中，如电机、电子连接器和仪器。

⑤青铜：青铜具有良好的自润滑性能，常用于需要减少摩擦和磨损的应用，如轴承和滑动部件。

⑥钛合金：钛合金具有高强度、低密度和耐腐蚀性，适用于高温、高强度和轻量化要求的应用，如航空航天、医疗设备和体育器材。

⑦碳纤维复合材料：碳纤维复合材料具有出色的强度与重量比，适用于高性能轴的应用，如赛车、自行车和航空航天。

⑧塑料：一些工程塑料，如尼龙、聚酯和聚甲醛，具有较低的密度和自润滑性，适用于特定应用，如传动系统和输送设备。

选择轴材料应根据具体应用的要求和环境条件来决定，考虑到强度、硬度、耐磨性、耐腐蚀性、温度范围和重量等因素。此外，轴的制造工艺和热处理也会影响其性能，因此在轴的设计和选择过程中需要综合考虑这些因素。

（三）轴的力学计算

1. 轴的强度计算

轴的强度计算主要有三种方法：转矩法、当量弯矩法和安全因数校核法。

（1）转矩法

转矩法按轴所受转矩大小进行轴的强度的计算，它主要用于传动轴的强度校核或设计计算。受较小弯矩作用的轴，一般也使用此计算方法，但应适当降低材料的许用扭应力。强度条件为

$$\tau_T = \frac{T}{W_T} \leqslant [\tau_T] \tag{6-40}$$

式中：τ_T——轴的扭应力；

T——轴传递的转矩；

W_T——轴的抗扭截面系数，查《机械设计手册》。

对于实心圆轴，当已知其转速 n（r/min）和传递的功率 P（kW）时，上式可写为

$$\tau_T = \frac{9.55 \times 10^6 \frac{P}{N}}{0.2d^3} \leqslant [\tau_T] \tag{6-41}$$

式中：d——轴的直径（mm）。

由式（6-41）可得实心轴直径的设计式

$$d \geqslant \sqrt[3]{\frac{9.55 \times 10^6 P}{0.2d^3}} = C \cdot \sqrt[3]{\frac{P}{n}} \tag{6-42}$$

式中：C——计算常量，与轴的材料及相应的许用扭应力 $[\tau_T]$ 有关（表6-10）。

表6-10 轴常用材料的 $[\tau_T]$ 及 C 值

轴的材料	20、Q235	35、Q275	45	40Cr、35SiMn、2Cr13、38SiMnMo、42SiMn
$[\tau_T]$/MPa	12~20	20~30	30~40	40~52
C	160~135	135~118	118~106	106~98

轴上有键槽时，会削弱轴的强度，因此，轴径应适当增大。对于直径≤100 mm 的轴，单键时轴径增大5%~7%，双键时增大10%~15%；对于直径>100 mm 的轴，单键时轴径增大3%，双键时增大7%。该方法求出的直径应作为轴上受转矩作用轴段的最小直径。

（2）当量弯矩法

当量弯矩法按弯扭合成强度条件对轴的危险截面进行强度校核。对于一般的转轴，该方法的安全性足够可靠。依据试验，当量弯矩法的强度条件为

$$\sigma_e = \sqrt{\sigma^2 + 4(\alpha\tau)^2} \leqslant [\sigma_{-1b}] \tag{6-43}$$

式中：σ_e ——当量应力。由弯矩产生的轴的弯曲应力 σ 通常为对称循环应力，故取 $[\sigma_{-1b}]$ 为材料的许用应力。

而由转矩产生的切应力 τ 通常不是对称循环应力，故引入了应力校正因子 α 对 τ 进行修正。α 可以根据转矩特性确定：对于不变的转矩，取 $\alpha = \dfrac{[\sigma_{-1b}]}{[\sigma_{+1b}]} \approx 0.3$；对于脉动循环的转矩，取 $\alpha = \dfrac{[\sigma_{-1b}]}{[\sigma_{0b}]} \approx 0$；对于对称循环的转矩，取 $\alpha = 1$。$[\sigma_{+1b}]$、$[\sigma_{0b}]$ 和 $[\sigma_{-1b}]$ 分别为材料在静应力、脉动循环和对称循环应力状态下的许用弯曲应力，其值可根据表 6－11 选取。通常情况下，考虑到机器运转的不均匀性和轴扭转振动的存在，从安全角度考虑，对于不变的转矩也常按脉动循环转矩计算。

表 6－11 轴的许用弯曲应力

材料	$[\sigma_b]$	$[\sigma_{+1b}]$	$[\sigma_{0b}]$	$[\sigma_{-1b}]$
碳素钢	400	130	70	40
	500	170	75	45
	600	200	95	55
	700	230	110	65
合金钢	800	270	130	75
	1000	330	150	90
铸钢	400	100	50	30
	500	120	70	40

式（6－43）可写为

$$\sigma_e = \sqrt{\frac{M}{W} + 4\left(\frac{\alpha T}{W_T}\right)^2} \leqslant [\sigma_{-1b}] \tag{6－44}$$

式中：M ——轴截面所承受的弯矩；

T ——轴截面所承受的转矩；

W ——轴的抗弯截面系数，查《机械设计手册》。

对于实心圆轴，$W_T = 2W, W \approx 0.1d^3$，故有

$$\sigma_e = \frac{1}{W}\sqrt{M^2 + (\alpha T)^2} = \frac{M_e}{W} \leqslant [\sigma_{-1b}] \tag{6－45}$$

式中：M_e ——当量弯矩，$M_e = \sqrt{M^2 + (\alpha T)^2}$，

由式（6－45）可得到与 M_e 对应的实心轴段的直径

$$d \geqslant \sqrt[3]{\frac{M_e}{0.1[\sigma_{-1b}]}} \tag{6－46}$$

当轴的计算截面上开有键槽时，轴的直径应适当增大，其增大值可参考转矩法。心轴只承受弯矩而不承受转矩，在应用式（6－44）或式（6－45）时，应取 $T = 0$。转动心轴的弯曲应力为对称循环应力，取 $[\sigma_{-1b}]$ 为其许用应力；固定心轴应用在较频繁的启动、停车状态时，其弯曲应力可视为脉动循环应力，取 $[\sigma_{0b}]$ 为其许用应力；载

荷平稳的固定心轴，其弯曲应力可视为静应力，取 $[-\sigma+1b]$ 为其许用应力。

（3）安全因数校核法

当需要精确评定轴的安全性时（如进行大批量生产或生产重要的轴时），应考虑应力集中、尺寸效应和表面状态等因素的影响，常按安全因数校核法对轴的危险截面进行强度校核计算，安全因数校核法包括疲劳强度校核和静强度校核两项内容。

轴的疲劳强度校核是根据轴上作用的循环应力计算轴危险截面处的疲劳强度安全因数。其步骤如下。

①作出轴的弯矩 M 图和转矩 T 图。

②确定应校核的危险截面。

③求出危险截面上的弯曲应力和切应力，将这两项循环应力分解成平均应力 σ_m、τ_m 和应力幅 σ_a、τ_a。

④按式（6-47）至式（6-49）分别计算弯矩作用下的安全因数 S_0，转矩作用下的安全因数 S_τ，以及它们的综合安全因数 S。

$$S_0 = \frac{\sigma_{-1}}{\frac{k_\sigma}{\beta\varepsilon_\sigma}\sigma_a + \psi_\sigma\sigma_m} \qquad (6-47)$$

$$S_\tau = \frac{k_N\tau_{-1}}{\frac{k_\tau}{\beta\varepsilon_\tau}\tau_a + \psi_\tau\sigma_m} \qquad (6-48)$$

$$S = \frac{S_0 S_\tau}{\sqrt{S_0^2 + S_\tau^2}} \geq [S] \qquad (6-49)$$

式中：σ_{-1}——对称循环下的弯曲疲劳极限，查《机械设计手册》；

τ_{-1}——对称循环下的扭转疲劳极限，查《机械设计手册》；

k_σ——弯矩作用下的疲劳缺口因子，查《机械设计手册》；

k_τ——转矩作用下的疲劳缺口因子，查《机械设计手册》；

ε_σ——弯曲时的尺寸因子，查《机械设计手册》；

ε_τ——扭转时的尺寸因子，查《机械设计手册》；

β——表面状态因子，查《机械设计手册》；

ψ_σ——弯曲等效因子，碳钢 ψ_σ 取 0.1~0.2，合金钢取 0.2~0.3；

ψ_τ——扭转等效因子，碳钢 ψ_τ 取 0.05~0.1，合金钢取 0.1~0.15；

$[S]$——疲劳强度的许用安全因子，材质均匀、载荷与应力计算较精确时，取 $[S]\geq 1.3~1.5$；材质不够均匀、计算精度较低时，取 $[S]\geq 1.5~1.8$；材质均匀性和计算精度都很低，或轴径 $d>200$ mm 时，取 $[S]\geq 1.8~2.5$。

2. 轴的刚度计算

轴受到载荷作用时，会产生弯曲或扭转弹性变形，其变形的大小与轴的刚度有关，如果刚度不足，弹性变形过大，会影响零件的正常工作。

轴的刚度分为弯曲刚度和扭转刚度，弯曲刚度用挠度 y 和偏转角 θ 度量，扭转刚度用单位长度扭角 φ 度量。轴的刚度计算即轴受载荷时的弹性变形量的计算，应将其控制在允许的范围内。

（1）扭转刚度校核计算

轴受转矩作用时，对于光轴，其扭转刚度条件是

$$\varphi = 5.73 \times 10^4 \frac{T}{GI_P} \leq [\varphi] \tag{6-50}$$

对于阶梯轴

$$\varphi = 5.73 \times 10^4 \frac{1}{Gl} \sum \frac{T_i l_i}{I_{P_i}} \leq [\varphi] \tag{6-51}$$

式中：φ——轴单位长度的扭角 [(°)/mm]；

T——轴所受的转矩（N·mm）；

G——轴材料的切变弹性模量（MPa），对于钢材，$G = 8.1 \times 10^4$ MPa；

I_P——轴截面的极惯性矩（mm）；

l——阶梯轴受转矩作用的总长度（mm）；

i——阶梯轴轴段的序号；

$[\varphi]$——许用扭角 [(°)/mm]，与轴的使用场合有关（表6-12）。

表6-12　轴的许用挠度 $[y]$、许用偏转角 $[\theta]$ 和许用扭角 $[\varphi]$

应用场合	$[y]$/mm	应用场合	$[\theta]$/rad	应用场合	$[\varphi]$/[(°)/mm]
一般用途的轴	$(0.0003 \sim 0.0005) l$	滑动轴承	0.001	一般传动	$0.5 \sim 1$
机床主轴	$0.0002 l$	深沟球轴承	0.005	较精密传动	$0.25 \sim 0.5$
感应电动机	0.1Δ	调心球轴承	0.05	重要传动	≤ 0.25
安装齿轮的轴	$(0.01 \sim 0.03) m_n$	圆柱滚子轴承	0.0025	—	—
安装蜗轮的轴	$(0.02 \sim 0.05) m_t$	圆锥滚子轴承	0.0016	—	—
蜗杆	$0.0025 d_1$	安装齿轮处	$0.001 \sim 0.002$	—	—

注：l 为轴支承跨距；Δ 为电动机定子与转子的间隙；m_n 为齿轮法向模数；m_t 为蜗轮端面模数；d_1 为蜗杆分度圆直径。

（2）弯曲刚度校核计算

轴受弯矩作用时，弯曲刚度条件是轴的挠度和偏转角都在许用的使用范围内，即

$$y \leq [y] \tag{6-52}$$

$$\theta \leq [\theta] \tag{6-53}$$

式中：$[y]$——轴的许用挠度（mm）（表6-12）；

$[\theta]$——轴的许用偏转角（rad）（表6-12）。

3. 轴的振动与临界转速

轴在旋转过程中，其实体会产生反复的弹性变形，这种现象称为轴的振动。轴的振动有弯曲振动（又称横向振动）、扭转振动和纵向振动三类。

由于轴及轴上零件材质分布不均，以及制造和安装存在误差等，轴系零件的质心偏离其回转中心，使轴系转动时受到周期性强迫力的作用，从而引起轴的弯曲振动。

如果轴的转速致使强迫力的角频率与轴的弯曲固有频率重合，就会出现弯曲共振现象，轴发生共振时的转速称为轴的临界转速。如果继续提高转速，运转又趋平稳，当转速达到另一较高值时，共振可能再次发生。其中最低的临界转速称为一阶临界转速 n_{c1}，其余为二阶临界转速 n_{c2}、三阶临界转速 n_{c3}……轴的振动计算就是计算其临界转速，使轴的工作转速避开其各阶临界转速以防止轴发生共振。

工作转速 n 低于一阶临界转速的轴称为刚性轴，刚性轴转速的设计原则是 $n < 0.75n_{c1}$；工作转速高于一阶临界转速的轴称为挠性轴，挠性轴转速的设计原则是 $1.4n_{c1} < n < 0.7n_{c2}$。

（四）滚动轴承的类型与选择

主轴的旋转精度在很大程度上由其轴承决定，轴承的变形量占主轴组件总变形量的 30%～50%，其发热量占比重也较大，故主轴轴承应具有旋转精度高、刚度大、承载能力强、抗震性好、速度性能好、摩擦功耗小、噪声低和寿命长等特点。

1. 主轴常用滚动轴承的类型

常用的滚动轴承已经标准化、系列化，有向心轴承、向心推力轴承和推力轴承等多种类型。

2. 滚动轴承的选用

选择适当的滚动轴承对于机械系统的性能至关重要。以下是选择滚动轴承时需要考虑的关键因素。

①负荷类型和大小：确定轴承需要承受的负荷类型和大小。负荷可以是径向负荷（垂直于轴的方向）或轴向负荷（沿着轴的方向）。确定负荷类型和大小有助于选择适当类型和尺寸的轴承。

②转速范围：考虑轴承所需的转速范围，以确保所选轴承能够在这个范围内正常运行。滚动轴承通常具有额定转速，超过该转速可能导致轴承损坏。

③精度要求：不同应用可能对轴承的精度有不同要求。高精度轴承通常用于精密机械，而 般工业应用可以使用标准精度轴承。

④寿命要求：确定轴承的寿命要求，以确保轴承在预期寿命内运行可靠。寿命通常以额定寿命来表示，这是轴承在一定负荷和速度条件下的预期寿命。

⑤安装和维护：考虑轴承的安装和维护要求。有些轴承需要复杂的安装过程，而有些轴承需要频繁的维护。选择适当的轴承类型可以降低维护成本和减少维护工作。

⑥环境条件：考虑轴承所处的环境条件，包括温度、湿度、腐蚀性物质和清洁度。根据环境条件选择具有适当密封和润滑方式的轴承。

⑦成本考虑：考虑轴承的成本，包括购买成本、维护成本和更换成本。选择滚动轴承时要综合考虑性能和成本，以找到最经济和可行的解决方案。

3. 滚动轴承的精度与配合

（1）精度

滚动轴承按其基本尺寸精度和旋转精度的不同可分成 B、C、D、E、G 五级，其中 B 级最高；G 级为普通级，可不标明。机床主轴组件一般要求具有较高的精度，主要采用 B、C 和 D 三级。对一些精度特别高的主轴组件，B 级轴承也不能满足要求时，可自行精制或向轴承厂订购超 B 级（如 A 级）轴承。

选择精度时，主要根据载荷方向。如仅受径向载荷的深沟球轴承和圆柱滚子轴承，主要根据内、外圈的径向运动选择精度；而推力轴承的精度等级，应先根据主轴的轴向窜动允差值，然后考虑其他因素的影响来选择。

（2）配合

滚动轴承内、外圈往往是薄壁件，受相配的轴颈、箱体孔的精度和配合性质的影响很大。要求配合性质和配合面的精度合适，不致影响轴承精度；否则旋转精度下降，引起振动和噪声。配合性质和配合面的精度还影响轴承的承载能力、刚度和预紧状态。滚动轴承外圈与箱体孔的配合采用基轴制；内圈孔与轴颈的配合采用基孔制，但作为基准的轴承孔的公差带位于以公称直径为零线的下方。

轴承配合性质的选择，要考虑下列工作条件。

①负荷类型。承受始终在轴承套圈滚道的某一局部作用的局部负荷的套圈，配合应相对松些。承受依次在轴承套圈的整个滚道上作用的循环负荷的套圈，配合应相对紧些。负荷越大，配合的过盈量应越大。承受冲击、振动负荷比承受平稳负荷的配合应更紧些。

②转速。一般转速越高，发热越大，轴承与运动件配合应紧些，与静止件的配合可松些。

③轴承的游隙和预紧。轴承具有基本游隙，配合的过盈量应适中；轴承预紧，配合的过盈量应减小。

④结构刚度。若配合零件是空心轴或薄壁箱体，或配合零件材料是铝合金等弹性模量较小的材料，配合应选得紧些。对结构刚度要求较高的轴承，也应把配合选紧些。

4. 滚动轴承的寿命

滚动轴承的寿命通常以 L10 寿命来表示，它是指在特定的负荷、速度和使用条件下，在一组轴承中的 10% 的轴承在到达或超过额定寿命之前，轴承将不会发生故障。L10 寿命是一种统计上的估算，用于表示轴承的寿命，而不是确切的轴承寿命。

以下是一些影响滚动轴承寿命的主要因素。

①负荷：较大的负荷通常会缩短轴承的寿命。轴承承受的径向和轴向负荷都会对寿命产生影响。

②速度：较高的转速也会影响寿命，因为高速度可能导致轴承的磨损和产生热量。

③温度：轴承运行时的温度可以影响寿命，过高或过低的温度可能会降低轴承寿命。

④润滑：适当的润滑非常重要，过量或不足的润滑都可能影响轴承寿命。

⑤环境条件：轴承所处的环境条件，如腐蚀性气体、尘埃和杂质，也会对轴承寿命产生影响。

⑥轴承质量：轴承的制造质量和材料选择对其寿命至关重要。高质量的轴承通常具有更长的寿命。

需要注意的是，L10 寿命是一个统计估算值，不代表所有轴承都会在达到 L10 寿命后突然故障。一些轴承可能在 L10 寿命之前或之后发生故障，具体取决于各种因素。因此，在实际应用中，维护和监测轴承的状态非常重要，以确保设备的可靠性和安全性。轴承制造商通常提供有关轴承寿命和维护的详细信息，可以根据其建议来操作和维护轴承。

5. 提高轴系性能的措施

要提高轴系性能,可以采取一系列措施和优化策略,以确保轴系在机械系统中表现出更好的性能和可靠性。以下是一些提高轴系性能的关键措施。

①选择适当的轴材料:根据应用需求,选择合适的轴材料,考虑强度、硬度、耐磨性、耐腐蚀性和重量等因素。常见的轴材料包括合金钢、不锈钢、铝合金、黄铜等。

②优化轴的几何设计:设计轴的直径、长度、形状和轴向孔等几何参数,以满足负荷、扭矩和速度要求,同时确保轴的刚性和稳定性。

③选择适当的轴承类型:根据负荷类型、转速、精度和环境条件,选择适当类型和规格的轴承,如球轴承、滚柱轴承、圆锥滚子轴承等。

④提供良好的润滑和冷却:确保轴承和轴的润滑系统设计合理,提供足够的润滑以减少摩擦和磨损,并确保冷却系统有效降温。

⑤控制对中和平衡:正确的对中和平衡是确保轴系性能的关键。精确的对中和平衡可以降低振动、噪声和磨损,延长轴系的寿命。

⑥定期维护和检查:建立定期的维护计划,包括润滑、清洁、紧固及检查轴承和轴的状态,以及及时替换磨损或故障的部件。

⑦使用轴套和密封件:使用适当的轴套和密封件来保护轴免受环境因素、杂质和腐蚀的影响,提高轴系的可靠性。

⑧考虑振动和冲击:对于受到振动或冲击的应用,设计轴系时要考虑吸收振动和冲击的措施,以减少应力和疲劳。

⑨选择高质量的制造和装配:确保轴和轴承的制造和装配过程具有高质量的标准,避免制造缺陷和不合适的组装。

⑩使用先进的分析和监测技术:使用振动分析、温度监测和润滑油分析等先进技术,实时监测轴系的状态,以便及时采取维护措施。

综合考虑上述措施,可以提高轴系的性能,延长轴系的寿命,减少故障和维修成本,从而提高机械系统的可靠性和效率。可根据具体的应用需求,采取不同的措施和策略。

参考文献

[1] 许明. 电子设计创新实践［M］. 西安：西安电子科技大学出版社，2022.

[2] 尹明富. 机械制造技术基础［M］. 西安：西安电子科技大学出版社，2022.

[3] 刘向虹，王辉，张磊. 机械电子工程系统设计与应用［M］. 长春：吉林人民出版社，2021.

[4] 胡长明. 现代电子机械工程丛书：电子设备防腐蚀设计［M］. 北京：电子工业出版社，2021.

[5] 鲁植雄. 机械工程学科导论［M］. 北京：机械工业出版社，2021.

[6] 林江. 机械制造基础［M］. 2 版. 北京：机械工业出版社，2021.

[7] 吴拓. 机械制造工程［M］. 4 版. 北京：机械工业出版社，2021.

[8] 胡庆夕，赵耀华，张海光. 电子工程与自动化实践教程［M］. 北京：机械工业出版社，2020.

[9] 闻邦椿. 机械设计手册：机器人与机器人装备［M］. 北京：机械工业出版社，2020.

[10] 姚寿文，王瑀，姚泽源. 虚拟现实辅助机械设计［M］. 北京：北京理工大学出版社，2020.

[11] 郭志雄，邓筠. 电子工艺技术与实践［M］. 北京：机械工业出版社，2020.

[12] 赵建国，刘万强，吴伟中. 画法几何及机械制图［M］. 北京：机械工业出版社，2019.

[13] 范淇元，覃羡烘. 机械 CAD/CAM 技术与应用［M］. 武汉：华中科技大学出版社，2019.

[14] 简正豪，姜毅，何苗. 机械工程训练［M］. 北京：北京理工大学出版社，2019.

[15] 陈爱荣，韩祥凤，李新德. 机械制造技术［M］. 北京：北京理工大学出版社，2019.

[16] 邓泽霞. 电路与电子技术实验［M］. 重庆：重庆大学出版社，2019.

[17] 施琴. 电子基础实训［M］. 南京：东南大学出版社，2019.

[18] 孙君曼，方洁，刘娜. 电工电子技术［M］. 北京：北京航空航天大学出版社，2019.

[19] 李光，樊伟. 电工电子技术［M］. 北京：北京交通大学出版社，2019.

[20] 郭佳俊，杨凯. 电子电路与机械制造［M］. 延吉：延边大学出版社，2019.

[21] 吴先良. 电子技术课程设计［M］. 合肥：安徽大学出版社，2018.

[22] 张宪民，陈忠，邝泳聪. 机械工程概论［M］. 武汉：华中科技大学出版社，2018.

[23] 蒙艳玫，陆冠成，唐治宏. 机械工程测控技术实验教程［M］. 武汉：华中科技大学出版社，2018.

[24] 任彬，黄迪山. 机械动力学［M］. 上海：上海科学技术出版社，2018.

[25] 陈兆兵，刘晓莉，郭伟. 机电设备与机械电子制造［M］. 汕头：汕头大学出版社，2018.

[26] 唐仁奎，王楠，江国栋. 机械制造基础［M］. 成都：西南交通大学出版社，2018.

[27] 邢晓红，陈富林，窦小丽. 机械制造技术基础［M］. 西安：西安电子科技大学出版社，2018.

[28] 慕丽. 机械工程中检测技术基础与实践教程［M］. 北京：北京理工大学出版社，2018.

[29] 李惟，郭应时. 电工与电子技术实验教程［M］. 西安：西安电子科技大学出版社，2018.

[30] 李景涌. 机械电子工程导论［M］. 2 版. 北京：北京邮电大学出版社，2017.

[31] 李杰，陈华江，吴桂华. 机械制图［M］. 成都：电子科技大学出版社，2017.

［32］李文联，李杨，吴学军. 数字电子技术实验［M］. 西安：西安电子科技大学出版社，2017.

［33］汪通悦. 机械制造技术基础［M］. 北京：北京理工大学出版社，2017.

［34］温秉权. 机械制造基础［M］. 北京：北京理工大学出版社，2017.

［35］高宏伟. 电子封装工艺与装备技术基础教程［M］. 西安电子科技大学出版社，2017.

［36］寇志伟. 电工电子技术应用与实践［M］. 北京：北京理工大学出版社，2017.